课外悦读·基础提高

青少年必知的

天文知识

ASTRONOMICAL KNOWLEDGE THAT TEENAGERS MUST KNOW

最新鲜的百科知识　前所未有的想象力激发方式　最酷炫的探秘信息

胡郁 编著

中国出版集团
现代出版社

图书在版编目（CIP）数据

青少年必知的天文知识 / 胡郁编著 . — 北京：现代出版社，2012. 9（2024.1）
ISBN 978 -7 -5143 -0718 -4

Ⅰ. ①青… Ⅱ. ①胡… Ⅲ. ①天文学 - 青年读物②天文学 - 少年读物 Ⅳ. ①P1 -49

中国版本图书馆 CIP 数据核字（2012）第 203978 号

青少年必知的天文知识

编　　著	胡　郁
责任编辑	杨学庆
出版发行	现代出版社
地　　址	北京市安定门外安华里 504 号
邮政编码	100011
电　　话	010 - 64267325　010 - 64245264（兼传真）
网　　址	www. 1980xd. com
电子信箱	xiandai@ vip. sina. com
印　　刷	三河市人民印务有限公司
开　　本	710mm × 1000mm　1/16
印　　张	14. 5
版　　次	2012 年 10 月第 1 版　2024 年 1 月第 9 次印刷
书　　号	ISBN 978 - 7 - 5143 - 0718 - 4
定　　价	59. 80 元

前言 PREFACE

青少年必知的天文知识

我们形容一个人知识渊博，常常说他“上知天文，下知地理”，这里所说的“上知天文”即指对天文知识的掌握。

我们生活在自然界中，昼夜交替，四季循环，这些都涉及天文现象。明亮的太阳，皎洁的月亮，闪烁的繁星，壮观的天象……这些都向我们提出这样、那样的疑问：我们生活的星球是什么样的？太阳为什么那么耀眼？为什么我们不能上太阳上居住？月亮上有没有水？土星为什么有道美丽异常的光环，而别的星球没有？还有银河系到底有多大？宇宙里究竟有多少个这么大的银河系？宇宙飞船能不能飞出银河系？宇宙的将来会变成什么样？我们人类将何去何从？太多太多的疑问需要我们去了解，去探索。

不可否认，我们人类虽然很早以前就对我们所处的世界发出这样或那样的疑问，也曾进行了不懈的探索，取得了一定的成绩：望远镜的问世使我们的视野更开阔；月球的成功登陆圆了我们人类“嫦娥奔月”的千年梦想；宇宙飞船的巡天之旅更是让我们对我们的家园有了更深刻更全面的认识……但天外有天，我们对这浩渺的宇宙知道得还是太少太少。

本书从这千万个疑问中，精心挑选出近 300 个当今学生最关心也最需要掌握的天文问题，采取一问一答的形式，合理分章，编辑成册，希望能给广大青少年朋友以帮助，帮助他们了解这广袤无垠的宇宙。本书的内容力求浅显易懂，注重普遍性，既注意介绍基础知识，又注重反映最新的科技发展成果和应用。全书文字表述生动活泼，串文插图力求造型准确、细腻逼真，以满足学生们的阅读心理。

本书共分五部分，分别是浩渺无垠的宇宙、银河系及河外星系、太阳大家庭、探天仪器及探天活动、有趣的天文知识，并分门别类地加以介绍。由于时间仓促和资料有限，再加上视野所限，书中定会有些许不足之处，在此敬请读者给以理解；对于书中不对不妥之处，也请读者给以批评和指正。

目录

CONTENTS

青少年必知的天文知识

QINGSHAONIAN BIZHI DE TIANWEN ZHISHI

浩渺无垠的宇宙

宇宙起源于一次大爆炸吗 …… 2
宇宙是由什么组成的 …… 3
宇宙有限而无边是怎么回事 …… 4
什么是宇宙射电 …… 5
什么是宇宙线 …… 6
什么是“3K 宇宙背景辐射” …… 6
什么是星云 …… 7
什么是新星 …… 8
什么是白矮星 …… 9
天狼星是人类最早发现的白矮星吗 …… 10
什么是超新星 …… 10
什么是红外星 …… 11
什么是脉冲星 …… 12
什么是中子星 …… 13
什么是双星 …… 14
什么是星团 …… 15
黑洞是什么样的天体 …… 15
什么是类星体 …… 16
什么是星系团和超星系团 …… 17
最近的星系 …… 18

真的还有别的"太阳系"吗 …… 18
宇宙中别的星星上有人吗 …… 19
星际空间是真空吗 …… 20
恒星也"有生有死"吗 …… 20
"通古斯事件"是怎么回事 …… 21
外太空究竟有多远 …… 22
宇宙的未来结局是怎样的 …… 22

银河系及河外星系

银河系知多少 …… 26
银河系的结构是怎样的 …… 26
银河和银河系是一回事吗 …… 27
什么是河外星系 …… 27
人类是怎样发现河外星系的 …… 28
为什么把河外星系称为"宇宙岛" …… 29
离我们最近的河外星系是哪一个 …… 30
已发现的最远的河外星系有多远 …… 30
恒星的亮度是怎么衡量的 …… 31
为什么有些恒星的亮度会变化 …… 32
密度最大的恒星都有哪些 …… 33
质量最大的恒星叫什么 …… 34
最早发现的脉动变星是鲸鱼座 O 吗 …… 34
周期最短的脉动变星是造父变星吗 …… 35
为什么把造父变星称作"量天尺" …… 35
爆发变星是怎么回事 …… 36
银河系内最亮的超新星是什么星 …… 36
猎户座是能被我们肉眼看到的唯一星云吗 …… 37

银河系中最稀薄的地方在哪里 …… 37
星际空间有分子吗 …… 38
肉眼能看到的最近的星系是什么星系 …… 39
肉眼能见到的最远的天体是仙女星云吗 …… 39
质量最大的星系是什么星系 …… 40
最强的射电星系是什么星系 …… 40
爆发能量最大的星系是什么星系 …… 41
最遥远的类星体是什么星体 …… 42
最早发现的类星体是 3C48 还是 3C273 …… 42
类星体 3C273 结构是怎样变化的 …… 43
第一个双核星系是什么时候发现的 …… 43
最密的星系团在哪里 …… 44
最近和最远的星系团各是什么 …… 44
最巨大的星系系统在哪里 …… 44
温度最高和最低的恒星各是什么星 …… 45
自转速度最大和最小的恒星各是什么星 …… 45
视向速度最大的恒星是什么星 …… 46
磁场强度最大的恒星是什么星 …… 47
最大的星座是长蛇座吗 …… 47
新星爆发为什么如此可怕 …… 48
脉冲星为什么能发出脉冲信号 …… 49
恒星是由什么组成的 …… 49
恒星是怎样分类的 …… 50
空中有多少颗恒星 …… 50
恒星有行星吗 …… 51
星系核是怎样活动的 …… 51

太阳系大家庭

太阳系是怎样形成的 …… 54

太阳系有多大 …… 55

太阳系大家庭里有哪些成员 …… 56

为什么说太阳是一颗普通的恒星 …… 56

为什么太阳会发光发热 …… 57

太阳有多热 …… 58

太阳能有多少 …… 59

怎样测定太阳的温度 …… 59

太阳风是怎么回事 …… 60

什么是太阳黑子 …… 61

日斑是什么 …… 61

什么是日冕 …… 63

太阳系中还有第九颗大行星吗 …… 64

太阳系中哪些行星有自己的卫星 …… 64

怎么知道太阳系不处于银河系的中心 …… 65

地球是怎样绕太阳公转的 …… 66

地球绕轴自转是怎么回事 …… 66

为什么我们感觉不到地球在运动 …… 67

地球的自转为什么不是匀速的 …… 68

行星自转的情况是怎样的 …… 69

距离地球最近的是什么星座 …… 70

地球上的日期是怎样计算的 …… 71

为什么地球表面不像月球那样奇冷奇热 …… 72

月亮为什么会发生圆缺变化 …… 72

月亮为什么老是以同一面朝着地球 …… 74

为什么月亮上有那么多环形山 …… 74
月球是从地球上分裂出去的吗 …… 75
月球上曾经有过人类吗 …… 76
月球上有没有活火山 …… 77
月球上有空气和水吗 …… 77
月球上有"海洋"和"陆地"吗 …… 78
月亮是在逐渐远离地球吗 …… 79
什么是月掩星 …… 80
为什么会发生日食和月食 …… 81
为什么日食和月食不是每月都发生 …… 81
月到中秋分外明吗 …… 82
什么原因导致金星表面温度特别高 …… 83
为什么火星上会出现"大风暴" …… 85
火星上有生命吗 …… 85
为什么火星看上去是红色的 …… 86
火星上有运河吗 …… 87
为什么说海王星是在数学家的笔尖下发现的 …… 87
冥王星究竟算不算太阳系的大行星 …… 89
含铁比例最高的行星是水星吗 …… 90
水星是年最短、日最长的行星吗 …… 91
水星是昼夜温差最大的行星吗 …… 91
为什么水星难得一见 …… 92
全天最亮的星星是金星吗 …… 93
为什么说金星是最像地球的行星 …… 93
金星是自转最慢的行星吗 …… 94
木星是最大的行星吗 …… 94

木星上的"太红斑"究竟是什么 …… 95
为什么说木星最像恒星 …… 96
木卫 3 是最大的卫星吗 …… 96
木星和天王星也有光环吗 …… 97
为什么说土星是最美丽动人的行星 …… 98
密度最小的行星是土星吗 …… 99
围绕土星的光环是什么 …… 99
天王星是肉眼可见的最暗的行星吗 …… 100
为什么说天王星是自转最奇特的行星 …… 101
冥王星离我们有多远 …… 102
冥王星上最冷吗 …… 103
各个行星有多大 …… 103
为什么所有的行星看起来都不一样 …… 104
行星是怎样绕太阳转的 …… 104
行星是否会撞在一起 …… 105
人类最早发现的小行星是谷神星吗 …… 106
灶神星是最亮的小行星吗 …… 107
为什么说谷神星是小行星中的"老大" …… 107
最小的小行星是阿多尼斯吗 …… 108
织女星旁有行星系统吗 …… 108
离地球最近的小行星是赖·夏洛姆星吗 …… 109
最远的小行星是"柯瓦尔"天体吗 …… 110
跑到主环外的小行星有哪些 …… 110
"陨冰"是怎么回事 …… 112
第一块陨石来自月球吗 …… 112
公转最快和最慢的卫星各是什么星 …… 113

发现小行星最多的人是谁 …… 113
小行星也有卫星吗 …… 114
小行星是怎样命名的 …… 114
什么是彗星 …… 115
哈雷彗星是怎样发现的 …… 116
密度最小的星"是彗星吗 …… 117
彗星是遵循什么样的轨道运行的 …… 117
彗星寿命有多长 …… 118
彗星是一个"脏雪球"吗 …… 119
天空中历时最长的彗星发生在哪一年 …… 120
人类最早预言的周期彗星是哈雷彗星吗 …… 121
彗星的故乡"在哪里 …… 121
人类观测到的彗星尾巴最多有几条 …… 122
最亮的彗星是什么时候出现的 …… 123
比拉彗星最后瓦解为流星雨了吗 …… 123
卫星最多的行星是木星还是土星 …… 124

探天仪器及探天活动

天文台的观测室为什么要建造成圆顶结构 …… 126
天文台为什么大多设在山上 …… 126
为什么在海底也能建造天文台" …… 127
最早的星表和星图出自我国吗 …… 127
为什么天文学家要用望远镜观测星空 …… 128
望远镜为什么越做越大 …… 129
第一架天文望远镜是什么样子 …… 130
最大的折射望远镜是哪国制造的 …… 130
第一架反射望远镜是谁制造的 …… 131

最大的反射望远镜是哪个国家的 …… 132
最大的太阳望远镜是美国制造的吗 132
第一个发现宇宙射电的人是谁 …… 133
什么是射电望远镜 …… 133
最早使用的射电望远镜是由谁制造的 …… 134
最大的射电望远镜是由火山改造的吗 …… 135
人类发明了哪些航天器 …… 136
最早的火箭是我国制造的吗 …… 136
第一颗人造地球卫星是苏联发射的吗 …… 137
最亮的人造卫星是什么卫星 …… 138
寿命最长的人造卫星是什么卫星 …… 138
怎么知道人造卫星在按预定的轨道运行 …… 139
卫星可以从飞机上发射入轨吗 …… 139
人造卫星是怎样返回地面的 …… 140
绳系卫星有什么用途 …… 141
气象卫星是怎样工作的 …… 142
什么是光子火箭 …… 143
什么是空天飞机 …… 144
什么是航天遥感技术 …… 144
为什么要把哈勃望远镜送入太空 …… 145
为什么要建造空间太阳能发电站 …… 146
航天器为什么要在太空中进行对接 147
为什么许多航天器要像陀螺那样旋转 …… 147
航天器在太空中怎样实施了首次对接 …… 148
航天飞机是如何像飞机那样飞回来的 …… 149
在太空中如何修理出了故障的航天器 …… 150

国际空间站是怎样建立的 …… 151
人类最早对哪颗行星进行探测 …… 151
发给"宇宙人"的第一份电报是什么样的 …… 152
什么是"阿波罗"登月计划 …… 153
人类是怎样首次登上月球的 …… 154
第一位进入太空的人是谁 …… 155
"水手"4号成功拜访火星了吗 …… 155
航天员为什么用跳跃方式在月面上行走 …… 156
人类为什么要开发月球 …… 156
为什么要在月球上建立永久基地 …… 157
为什么人类要多次探测火星 …… 158
人类探测火星的活动历程是怎样的 …… 158
"卡西尼"号怎样进行跨世纪土星观测 …… 159
为什么发射火箭要沿着地球自转方向 …… 160
为什么火箭发射采用倒数计时 …… 161
火箭没有机翼靠什么改变方向 …… 161
有趣的天文知识
为什么星星会眨眼 …… 164
天空为什么是蓝色的 …… 164
银河系里有多少颗星 …… 165
云为什么会飘浮在空中 …… 166
最早升起太阳的地方是哪里 …… 166
为什么把太空称为人类的第四环境 …… 167
北极星是不动的吗 …… 168
怎样寻找北极星 …… 169
为什么没有南极星 …… 170

为什么在南极和北极半年是白天半年是黑夜 …… 170
星座是怎么命名的 …… 171
星云是怎样分类的 …… 172
“星震”是怎么回事 …… 172
流星是怎样形成的 …… 173
流星究竟是什么 …… 174
为什么下半夜看到的流星比上半夜多 …… 174
为什么会下陨星雨 …… 175
著名流星雨有哪些 …… 176
研究陨星和陨星坑的目的是什么 …… 177
如何知道一块石头是不是陨星 …… 178
巴林杰陨石坑是怎么回事 …… 179
为什么卫星可以预报地震 …… 180
为什么在南极地区有那么多陨星 …… 180
陨冰是怎么回事 …… 181
用眼睛直接观察日食会受到伤害吗 …… 181
怎样科学观察日食 …… 182
天文学上为什么要用光年来计算距离 …… 183
彗星与太阳相撞的后果怎样 …… 183
彗星会撞上地球吗 …… 184
彗星为什么会撞上木星 …… 185
一颗彗星怎么会有几条尾巴 …… 186
彗星预示灾难吗 …… 186
太阳会死亡吗 …… 187
星系会互相吞并吗 …… 188
为什么许多科学实验只能在太空中完成 …… 188

地球上的生命来自天外吗 …… 189
月亮为什么不会掉下来 …… 190
地球自转 1 周正好是 1 天吗 …… 191
阴历和阳历是怎样来的 …… 191
月球上的 1“天”有多长 …… 192
八大行星排成 十字连星”会引起灾难吗 …… 193
超新星爆发会影响到地球吗 …… 193
宇宙中的星球会相撞吗 …… 194
恒星真的不动吗 …… 195
星星为什么有不同的颜色 …… 195
离我们最近的恒星是哪颗 …… 196
“地球名片”是怎么回事 …… 196
什么是 地球之音” …… 197
UFO 是什么 …… 198
“飞碟”果真是天外来客吗 …… 199
太空垃圾会不会威胁航天活动 …… 199
怎样才能飞出地球 …… 200
人造卫星会掉下来吗 …… 201
最大的火流星是哪一年发生的 …… 201
最大的陨星坑在哪里 …… 202
是我国最先发现卫星的吗 …… 203
唯一的天然 同步卫星”是哪颗 …… 204
最长的日食时间有多长时间 …… 204
第一个按星座给恒星取名的人是谁 …… 205

人类进行动物太空实验结果怎么样 …… 205
最早环球飞行的动物是什么动物 …… 206
什么样的人可以当航天员 …… 207
人在太空中身体为什么会长高 …… 208
航天员在太空中是如何生活的 …… 209
航天员是如何从座舱进入太空的 …… 210
为什么航天员要穿航天服 …… 210
在月面逗留时间最长的宇航员是谁 …… 211
太空中为什么会发生失重现象 …… 212
太空中为什么会发生超重现象 …… 213
地球那边的人是不是头朝下脚朝上 …… 213
为什么航天员进行舱外活动前要吸纯氧 …… 214
宇宙辐射对航天员有什么危害 …… 215
从太空中看到的地球是什么样子 …… 216

浩渺无垠的宇宙

记得一位哲人说过类似这样的一段话：人类最早想了解的知识有两个，一个是人类本身，即我们的身体；另一个就是我们存在的空间，即浩瀚的宇宙。宇宙学家阿兰·古斯也说过："我常听人说，没有免费的午餐。可是，现在看来，宇宙本身就可能是一顿免费的午餐。"

宇宙是遥远而神秘的，它充满着无穷无尽的奥秘。如今，人类已登上了月球，人类的探测器也成功登陆火星，人类的使者旅行者号飞船离开了太阳系……在天文学家的研究下，宇宙正一步步掀开它的神秘面纱。通过本书的阅读，相信您不再会对诸如光线弯曲、黑洞、时间旅行、空际飞行这些抽象的科学概念感到陌生，会更加了解与我们息息相关的宇宙。

宇宙起源于一次大爆炸吗

大爆炸宇宙论是现代宇宙学中最著名、影响也最大的一种学说。

大爆炸宇宙论把宇宙200亿年的演化过程分为三个阶段。第一个阶段是宇宙的极早期。那时爆发刚刚开始不久，宇宙处于一种极高温、高密的状态，温度高达摄氏100亿度以上。在这种条件下，不要说没有生命存在，就连地球、月亮、太阳以及所有天体也都不存在，甚至没有任何化学元素存在。宇宙间只有中子、质子、电子、光子、中微子等一些基本粒子形态的物质。宇宙处在这个阶段的时间特别短，短到以秒来计。

随着整个宇宙体系不断膨胀，温度很快下降。当温度降到摄氏10亿度左右时，宇宙就进入了第二个阶段，化学元素就是这个时候开始形成的。在这一阶段，温度逐渐下降到摄氏100万度，这时，早期形成化学元素的过程就结束了。宇宙间的物质主要是质子、电子、光子和一些比较轻的原子核，光辐射依然很强，也依然没有星体存在。第二阶段大约经历了数千年。

浩渺的宇宙

当温度降到几千摄氏度时，进入第三个阶段。200亿年来的宇宙史以这个阶段的时间最长，至今我们仍生活在这一阶段中。由于温度的降低，辐射也逐步减弱。宇宙间充满了气态物质，这些气体逐渐凝聚成星云，再进一步形成各种各样的恒星系统，成为我们今天所看到的五彩缤纷的星空世界。

基本小知识

质　子

质子是一种带 1.6×10^{-19} 库仑（C）正电荷的亚原子粒子，直径约 $1.6\sim1.7\times10^{-15}$ m，质量是 938 百万电子伏特/c^2（MeV/c^2），即 1.6726231×10^{-27} kg，大约是电子质量的 1836.5 倍。质子属于重子类，由两个上夸克和一个下夸克通过胶子在强相互作用下构成。原子核中质子数目决定其化学性质和它属于何种化学元素。

宇宙是由什么组成的

我们居住的地球是太阳系的一颗大行星。太阳系一共有 8 颗大行星：水星、金星、地球、火星、木星、土星、天王星、海王星。除了大行星以外，还有 60 多颗卫星、为数众多的小行星、难以计数的彗星和流星体等。它们都离我们地球较近，是人们了解得较多的天体。那么，除了这些以外，茫茫宇宙空间还有一些什么呢？

夜晚，我们用肉眼可以看到许多闪闪发光的星星，它们绝大多数是恒星，恒星就是像太阳一样本身能发光的星球。我们银河系就有 1000 多亿颗恒星。

在恒星世界中还有一些亮度会发生变化的星——变星。它们有的变化很有规律，有的没有什么规律。现在已发现了 2 万多颗变星。有时候，天空中会突然出现一颗很亮的星，在两三天内，会突然变亮几万倍甚至几百万倍，我们称它们为新星。还有一种亮度增加得更厉害的恒星，会突然变亮几千万倍甚至几亿倍，这就是超新星。

除了恒星之外，还有一种云雾似的天体，称为星云。这种星云由极其稀薄的气体和尘埃组成，形状很不规则，我们称它们为银河星云，如著名的猎户座星云。极大部分星云，实际上并不是云，它们是一些同我们银河系一样的星系，只因为离我们太远了，所以看上去像云雾般的形状，我们称它们为河外星系。现在已发现1000亿个以上的星系，著名的仙女座星系、大小麦哲伦星云就是肉眼可见的河外星系。更多的星系聚集在一起，则构成了星系团。20世纪60年代以来，天文学家还找到一种在银河系之外的像恒星一样的天体，但它的光度和质量又与星系一样，我们叫它类星体，现在也已发现了数千个这种天体。

在没有恒星又没有星云的广阔的星际空间里，还有些什么呢？是绝对的真空吗？当然不是。那里充满着非常稀薄的星际气体、星际尘埃、宇宙线和极其微弱的星际磁场。随着科学技术的发展，人们必定可以发现越来越多的新天体。

知识小链接

磁　场

磁场是一种既看不见又摸不着的特殊物质，它具有波粒的辐射特性。磁体周围存在磁场，磁体间的相互作用就是以磁场作为媒介的。电流、运动电荷、磁体或变化电场周围空间存在的一种特殊形态的物质。由于磁体的磁性来源于电流，电流是电荷的运动，因而概括地说，磁场是由运动电荷或电场的变化而产生的。

宇宙有限而无边是怎么回事

我们的宇宙实在够大，大得远远超出我们的想象。但如果我们把宇宙定义成物理上可以理解的时间和空间的总和，它却并非无限大。天文观测表明，星系和星系之间都在彼此远离，而且距离越远，分离速度越快。这一现象，很像我们用力吹一个表面带花点的气球，气球越吹越大时，上面的花点也彼此越离越远。现代天文学研究揭示出，我们的宇宙就很像这样一个正在膨胀之中的气球。既然在膨胀，反推回去就应该在遥远的过去（至少100亿年以上）缩成一点。所以，宇宙很可能诞生于一次超级规模的“大爆炸”，而从一个“点”中产生。虽然我们还不能确知宇宙究竟包含多少物质，但它无论在时间和空间上都肯定不是无限的。

但是这样一个有限的宇宙，我们却永远找不到它的尽头在哪里，怎么理解这种奇怪的现象呢？还是借助那个膨胀的气球吧，假如我们变成一种没有厚度的二维扁虫（注意：在二维扁虫的眼中只有前后左右，而没有上下）。那么我们在球面上无论怎么爬，都找不到哪儿是尽头，对于这样一个扁虫来说，气球面就是有限而无边的东西。现在回到立体世界来，由于宇宙物质的引力作用，爱因斯坦的广义相对论已经证明，我们的三维立体世界在宇宙尺度上也是和气球面一样是弯曲的。正因为时空的弯曲，如果我们有机会在宇宙中航行，也一样会遇到永远走不到尽头的现象，这就是“宇宙无边”最基本的涵义。

什么是宇宙射电

宇宙射电，顾名思义就是从宇宙中的天体上发射出的无线电波。

无线电波具有一些光波没有的特点，这在探索宇宙奥秘中有特殊的用处：一是它的波长比可见光要长100万倍左右，因而一些宇宙尘埃对光波来说，是个庞然大物，可以将光波挡住；而对无线电波来说，却不算太大，无线电波可以轻而易举地绕过这些宇宙尘埃继续传播。无线电波的另一个特点，是任何物体不管它的温度多低，只要在绝对零度（－273℃）以上就能发射无线电波。而物体要能发出光波，则必须达到很高的温度，如果物体的温度低于

拓展阅读

电　子

电子是构成原子的基本粒子之一，质量极小，带负电，在原子中围绕原子核旋转。不同的原子拥有的电子数目不同，例如，每一个碳原子中含有6个电子，每一个氧原子中含有8个电子。能量高的电子离核较远，能量低的离核较近。通常我们把电子在离核远近不同的区域内运动称为电子的分层排布。

2000℃就“看不见”了。在广阔的宇宙空间，有许多温度很低的物体，我们虽然看不见它们，但它们都能发射无线电波，我们就可以通过收集、观测这些无线电波来研究它们。此外，很多天体上由于发生一些特殊的天体现象，能发射大量的无线电波，有的“射电星系”能发射比我们的银河系强1000万倍的无线电波，使我们能在远离100亿光年的距离上发现它，而用目前最大的光学望远镜，无论如何是找不到它的。

什么是宇宙线

宇宙线与从天体传来的可见光线不同，是一种人眼看不见的射线。

在进入地球大气层以前，这些宇宙线称为原始宇宙线。它们是由各种元素的原子核构成的粒子流，其中主要是氢原子核，约占87%；其次是氦原子核，约占12%；此外，还有氧、氮、铁、钴、镍、碳、锂、钡、硼等元素的原子核，甚至还有人探测到含量极少的铀原子核。

原始宇宙线粒子，它的能量平均比光子大得多，它的速度和光的速度相接近。它们从四面八方闯到地球上来，在地球大气边缘每平方厘米的面积上，每秒钟大约穿过1个原始宇宙线粒子。

原始宇宙线粒子闯进地球大气以后，与空气分子中的原子核相碰撞，产生电子、正电子、光子、介子、超子等基本粒子，失去了很多能量，这就变成为次级宇宙线。

什么是‘3K宇宙背景辐射”

1964年，美国贝尔电话公司年轻的工程师——彭齐亚斯和威尔逊，在调试他们那巨大的喇叭形天线时，出乎意料地接收到一种无线电干扰噪声。在天空中的任何方向上都能接收到这种噪声，各个方向上信号的强度都一样，而且历时数月而无变化。

难道是仪器本身有毛病吗？或者是栖息在天线上的鸽子引起的？他们把天线拆开重新组装，依然接收到那种无法解释的噪声。

这种噪声的波长在微波波段，对应于有效温度为3.5K的黑体辐射出的电磁波。他们分析后认为，这种噪声肯定不是来自人造卫星，也不可能来自太阳、银河系或某个河外星系射电源，因为在转动天线时，噪声强度始终不变。

后来，经过进一步测量和计算，得出辐射温度是2.7K，一般称之为3K宇宙微波背景辐射。这一发现，使许多从事大爆炸宇宙论研究的科学家获得极大的鼓舞。他们认为，150亿~200亿年前宇宙大爆炸后，我们的宇宙从最初的高温状态膨胀到现在，已经很冷了，根据计算，大爆炸后的残余辐射量很小，相应的温度大约是6K。而彭齐亚斯和威尔逊等人的观测结果竟与理论预言的温度如此接近，正是对大爆炸宇宙论的一个非常有力的支持！这是继1929年哈勃发现星系谱线红移之后的又一重大的天文发现。

什么是星云

很早以前，人们就在望远镜里发现一些会发光的像云雾一样的天体，把它叫作星云。

星云可以分为两大类：河外星云和河内星云。虽说都叫作星云，可是它们的本质却是完全不同的。

蟹状星云

河外星云就是在银河系外面的星云，更准确应该叫河外星系。它们看上去是小小一个斑点，实际上却和我们的银河系一样，是由几亿、几百亿甚至几千亿颗恒星组成的一个巨大的恒星系统。它们离我们非常遥远，现在已经观测到的河外星云的总数已有数十亿个，可是肉眼能够看到的只有大、小麦哲伦星云和仙女座星云。仙女座星云离我们约 220 万光年，如果我们是在那里的某一颗恒星的行星上，用望远镜看银河系，银河系也成为一个小小的、发光的斑点了。

真正意义上的星云应该是在银河系范围内的星云，它们是由极其稀薄的气体和尘埃所组成的。

河内的星云又可分成弥漫星云和行星状星云。

弥漫星云的形状很不规则，一般没有明显的边界。它的体积虽然很大，可是密度却极小。

行星状星云是一种很有趣的天体，中间有一个温度高达几万摄氏度的恒星，周围是一个发亮的圆环，它可能是许多年前恒星在一次爆发时抛出的气体壳层。

什么是新星

新星并不是新诞生的星星，它本来就是一颗恒星，只是太暗而看不到，但这颗恒星突然爆发，即恒星的外围结构以爆炸的方式向外抛射物质，使恒星迅速变亮，好像天空中诞生了一颗新的星。

新星爆发时，恒星一下子膨胀了几千倍，亮度突然增加 9 个星等以上。当光度达到极大时，膨胀着的气壳以 500 千米～2000 千米/秒的速度离开恒星。当气壳向外抛射、逐渐散开并消失时，新星亮度便逐渐减弱，经过几个月甚至几年后才恢复到原来的亮度。天文学家通过比较发现，新星在爆发前和爆发后的亮度基本上一致。新星爆发后，一般只损失整个恒星质量的 0.01%～0.1%。由此可见，新星既不是新诞生的恒星，也不是恒星的末日。

爆发不只一次的新星称为再发新星，已发现的这种新星数量并不多，目前已知的再发新星仅约 10 颗。近年有理论认为，新星属于密近双星，即非常接近并互相绕转的一对星。在它们的演化过程中，其中一颗星变成体积庞大、密度较低和颜色发红的红巨星，另一颗星演变成体积小、密度大、温度较低的热矮星。在引力作用下，温度较高的红巨星气体流向热矮星，被热矮星吸引过来的物质很不稳定，集聚的热量一旦达到引起热核反应的温度，便发生热核爆炸，热矮星成了新星。从现代天文学的角度来说，发现新星已不是什么了不起的事了，因为单单我们自己的这个银河系内，一年中就会发现好几十颗新星。

什么是白矮星

白矮星并不是某一颗星的名字，而是某一类星的名字。就像我们人在一生中被分为少年、中年、老年几个阶段一样，天文学家把恒星的一生也分为早年、中年和晚年三个阶段，而白矮星就属于晚年恒星这一阶段中的一类。

别看白矮星已经到了老年，同样两颗白矮星的年龄可以相差几亿年，这是由于恒星寿命的长短差别造成的。比如说，有的恒星寿命在几十亿年以上，而有的只能“活”几千万年。因此，同样两颗已 3000 万岁的恒星，如果一颗的寿命是几十亿年，那么它还算是相当年轻的；可是对于寿命是几千万年的恒星来讲，它既然已有 3000 万岁，那么它离“死亡”之期就不远了。

白矮星的“白”与“矮”两个字就是这种恒星的最好写照。白，说明它的温度高。太阳的表面温度约有 6000℃，但白矮星的表面温度比太阳还要高，约有 10000℃，发出白颜色的光。矮，说明它的个儿小，也就是体积小。一般的白矮星体积同地球不相上下，还不到太阳体积的百万分之一。

广角镜

热核反应

热核反应即核聚变，是指由质量小的原子，主要是指氘或氚，在一定条件下，发生原子核互相聚合作用，生成新的质量更重的原子核，并伴随着巨大的能量释放的一种核反应形式。原子核中蕴藏巨大的能量，原子核的变化往往伴随着能量的释放。如果是由重的原子核变化为轻的原子核，叫核裂变，如原子弹爆炸；如果是由轻的原子核变化为重的原子核，叫核聚变，如太阳发光发热的能量来源。

天狼星是人类最早发现的白矮星吗

冬季的东南方天空，我们能看到一颗全天空最亮的恒星，它的名字叫天狼星。在它旁边有一颗肉眼看不见的小星星围着它旋转，这颗小星星被叫作天狼伴星，这就是人们在1862年最先发现的一颗白矮星。别看它和我们地球差不多大小，密度可大得惊人，它身上像黄豆大小的一块东西，就足足有1000多千克！

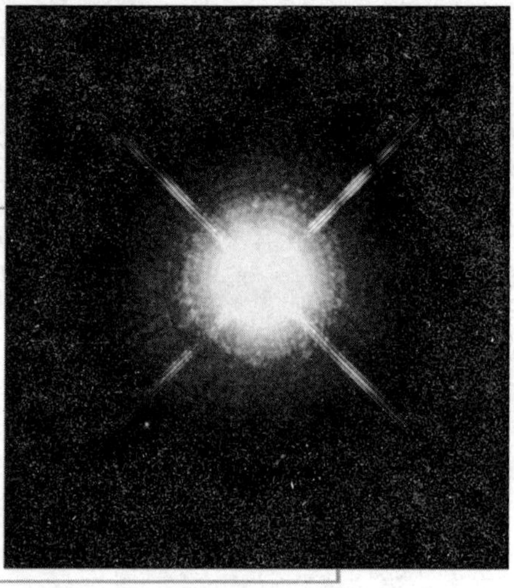

天狼星

目前，像这样个儿小、体重又大的白矮星已经发现了1000多颗。其实在我们银河系里，白矮星绝不止这么些，只是由于它们个子小，不容易被发现罢了。

什么是超新星

据我国史书记载，北宋年间，人们在天空中发现一颗客星，在白天都能看见，这种情况持续了23天。经科学研究证明，所谓客星，是1054年发生的一次超新星爆发。著名天文学家奥尔特确认，位于金牛座的蟹状星云就是这次超新星爆发后的抛出物，并称之为超新星遗迹。1969年，天文学家根据蟹状星云发出的α射线和β射线辐射，在其中心部分发现了一颗脉冲星，而脉冲星正是理论预言的一种致密、高速自转的天体——中子星，这一连串发现引起科学界的极大关注。

根据恒星演化理论，当一颗恒星演化到最后阶段，它的核心部分的核能源已消耗殆尽，这时，恒星将发生塌缩并由此引起恒星大爆炸，抛出大量物质，形成一个高速向外膨胀的气壳。恒星塌缩后，原来的恒星不复存在，而形成一个致密天体，由于原来恒星质量大小不同，会形成黑洞、中子星或白矮星。因此，1054 年的超新星爆发与现代恒星演化理论完全一致，它是人类观测到的一次恒星毁灭的全过程。超新星爆发时，恒星亮度会增强几千万倍甚至上亿倍。

什么是红外星

多少世纪以来，人们都已经习惯了用肉眼或者用肉眼通过望远镜来看星星。用科学的语言说，就是用可见光来观测天体。这是由于我们人类的眼睛，只能直接看到可见光波，对于其他的电磁波，我们只能用仪器间接去探测了。

如果一颗天体，它的温度低到 4000℃以下，那么它发出的光线，将是又红又暗。这好比一块铁，刚开始烧时，它不发亮，只发热；温度逐渐上升，就越来越红；温度再升高，就变亮变白，白中还发蓝光；当它重新冷下来，又渐渐变红，最后失去亮光。一些正在诞生的恒星，或衰老到快死亡的恒星，就像铁块刚加热和重新冷却的过程那样，它们发出暗淡的红光或大量的红外线。它们躲在宇宙的深处，几乎不发出可见光波，这些星星就叫红外星。

还有一些星星，它们被厚

你知道吗

什么是 α 射线？

高速运动的氦原子核的粒子束称为 α 射线，它的电离作用大，贯穿本领小。α 射线是一种带电粒子流，由于带电，它所到之处很容易引起电离。α 射线有很强的电离本领，这种性质既可利用，也带来一定坏处，对人体内组织破坏能力较大，由于其质量较大，穿透能力差，在空气中的射程只有几厘米。只要一张纸或健康的皮肤就能挡住。

厚的星际尘埃和云雾包围着，使原来又热又亮的星星变得又红又暗。有的尘埃甚至完全挡住了星星的可见光，并从被它们包围住的星星里吸收热量，自己重新放出红外线。像这些带着尘埃外壳的星星，也被称为红外星。

可惜，地球上保护着我们生命的大气层，却成了天文学家进行天文研究的障碍。大气层吸收了大量的红外线，为了观测到这些红外星，人们只好把仪器用飞机、气球、火箭或者人造卫星送到大气层外去观测。

你知道吗

什么是β射线？

β射线是由放射性同位素衰变时放出来带负电荷的粒子流。它在空气中射程短，穿透力弱。在生物体内的电离作用较γ射线、χ射线强。

什么是脉冲星

1967年秋天，英国剑桥大学天文学系年轻的女研究生贝尔和她的老师休伊什教授，在天文观测时发现了一种奇特的无线电脉冲信号。信号的脉冲周期极短，只有1.337秒，而且周期非常稳定，其准确性超过了当时地球上的任何钟表。这个无线电脉冲源在天球上的运动和其他恒星一样，也是东升西落，由此可以推断出它在太空中的位置是恒定的。

蟹状星云脉冲星

随后天文学家在天空的各个方向发现了一个又一个脉冲源，那么，这究竟是一种什么样的天体呢？这么快而又稳定的周期不可能是由天体相互绕转产生的，也不会来自天体自身周期性的膨胀与收缩。因此，唯一的可能是与天体的自转有关。然而，如果是这样的话，这是一种一秒钟就要旋转一周或更快的天体，那么它的体积一定不会很大，否则，它必然会在离心力的作用下很快瓦解。而且这种天体的无线电辐射一定要有很强的方向性，这样才会随天体的转动形成脉冲，很可能在这种天体上有很强的磁场……噢！原来是它，天文学家们恍然大悟，想起了30多年前理论上预言的中子星。也就是说，这是一种快速自转的中子星，也叫脉冲星。

什么是中子星

我们知道，物质通常是由各种原子构成的，而原子又是由原子核和绕其运动的电子组成。原子核是非常致密的，由带正电的质子和不带电的中子紧密结合而成。1932年，英国物理学家查德威克发现中子以后，苏联物理学家朗道就大胆地预言：宇宙中可能存在一种星球，是直接由中子组成的。30多年后，天文学家发现了脉冲星，并确认它就是中子星，从而证实了这一天才的预言。

中子星是一种非常致密的天体，它自身的万有引力可将相当于一个太阳质量的物质压缩在半径仅仅为10千米的球体内。也就是说，一匙中子星的质量差不多相当于地球上一座大山的质量。那么，这样一种奇特的天体是如何形成的呢？一般认为，在大质量恒星的

拓展思考

原子还能再分吗？

原子是一种元素能保持其化学性质的最小单位。一个原子含有一个致密的原子核及若干围绕在原子核周围带负电的电子。原子核由带正电的质子和电中性的中子组成。当质子数与电子数相同时，这个原子就是电中性的；否则，就是带有正电荷或者负电荷的离子。根据质子和中子数量的不同，原子的类型也不同：质子数决定了该原子属于哪一种元素，而中子数则确定了该原子是此元素的哪一个同位素。

"晚年"，会有一次可怕的超新星爆发，原来星球中的大部分物质被抛射到宇宙空间，剩下的物质急剧收缩，在星体内部产生了极大压力，把原子的外层电子挤到原子核内，核内的质子与电子结合，形成异常紧密的中子结构物质。如此说来，中子星原来是小得可怜的、密集的、没有生气的星体残骸。

什么是双星

如果用天文望远镜观察星空，你会发现天空中有许许多多成双成对的恒星，它们彼此的位置靠得很近，显得十分"亲密"。我们把这种位置靠得很近的两颗恒星称为双星。可以说，天上的恒星也喜欢成对结伙，"单身族"并不占优势。当然，同样是双星，情况也各不相同。有的是一颗恒星绕另一颗恒星运动，依靠万有引力相互维系，这叫物理双星；有的双星则仅仅是投影关系，看起来靠得很近，实际上相距甚远，没有物理联系，可谓"貌合神离"，这叫光学双星。

我们通常所说的双星指的是物理双星。对于不同的物理双星来说，它们两颗子星之间的距离差别也可以很大。比如有一种"密近双星"，两颗子星彼此靠得非常近，可算是恒星世界的"铁哥们儿"，它们之间可以发生一些复杂的相互作用过程，产生潮汐影响，甚至会出现气体物质从一个子星流向另一个子星的现象。

天空里有许多著名的双星，比如天狼星、南门二、南河三、北河二、心宿二、角宿一等都是双星。其中天狼星又属目视双星，也就是通过天文望远镜才能看到它们的双星关系。绕天狼星运动的伴星是一颗白矮星。角宿一则属分光双星，即只有通过分析光谱线变化才能确知它们是双星，而用望远镜目视观测是分辨不出来的。

什么是星团

通常，天文学家把恒星数少于 10 颗的星群称作聚星，而恒星数超过 10 颗并且具有物理联系的星群就称为星团，它们都是通过万有引力而吸引在一起的。

星团内的恒星数目悬殊不等，可能有几十、几百乃至几十万，甚至上百万颗。根据星团所包含的星数、形状及其在银河系中的分布位置，又分成疏散星团、球状星团两大类。

半人马座 ω 球状星团

顾名思义，疏散星团的星数较少，一般有几十到上千颗，形状大多很不规则，形成结构松散的星际“联盟”，星龄比较年轻。疏散星团的另一个特点是它们多数集中分布在银道面的附近，由此也叫银河星团。

球状星团由成千上万甚至几十万颗恒星组成，外貌呈球形，是一个名副其实的大“星球”。它的中心部分恒星非常密集，甚至用天文望远镜都难以将单个恒星分辨出来。球状星团里大多是些年老的恒星，它们在广袤深寂的宇宙中已度过近 100 亿年的漫长时光。球状星团的空间分布比较弥散，主要散布在巨大的银晕之中。

黑洞是什么样的天体

几十年以前，科学家们根据爱因斯坦广义相对论的理论研究，预言了一种叫作“黑洞”的天体。顾名思义，黑洞可能是一个看起来黑洞洞的漩涡状天体。那么，黑洞到底是什么样子的呢?

黑洞是一种非常奇怪的天体。它的体积很小，而密度却极大，每立方厘米就有几百亿吨甚至更高。假如从黑洞上取来小米粒那样大小一块物质，就得用几万艘万吨轮船一齐拖才能拖得动它。如果使太阳变成一个黑洞，那么它的半径就得收缩至不到3千米。

因为黑洞的密度大，所以它的引力也特别强大。大家都知道，由于地球的引力，踢出去的足球还会落到地球上。而速度很快的人造卫星，就能够克服地球的引力作用飞到太空去遨游。黑洞的情况和地球可就不太一样了，黑洞的引力极其强大，黑洞内部所有的物质，包括速度最快的光都逃脱不掉黑洞的巨大引力。不仅如此，它还能把周围的光和其他物质吸引过来。黑洞就像一个无底洞，任何东西到了它那儿，就不用想再“爬”出来了。给它们命名为“黑洞”是再形象不过了。

什么是类星体

20世纪50年代，天文学家用射电望远镜进行观测时，发现宇宙中存在着大量的射电源，即发出很强无线电波的天体。但是，用光学望远镜观测时，有不少射电源却找不到相对应的光学可见天体。1960年，美国天文学家马修斯和桑德奇利用口径5米的巨型望远镜，发现一个称为“3C48”的射电源对应于一颗16等的暗星，其紫外辐射很强，光谱中有一些“莫名其妙”的发射线。两年后，在澳大利亚有人发现另一射电源“3C273”也对应于一颗暗星。1963年，旅美荷兰天文学家施密特拍摄了这颗恒星状天体的光谱，发现其中有4条谱线相互之间的关系很像是氢元素光谱中的4条谱线。这一发现启发了马修斯等人，他们重新研究了“3C48”的光谱，证实那些“莫名其妙”的谱线原来也都是由熟悉的元素产生的，只是这一天体具有0.367的红移量。人们经过分析研究，判定它们不是银河系内的恒星，而是河外天体。

对于这种类似恒星而并非恒星的天体，人们称它们为“类星射电源”。以后，通过光学观测又发现了一些在照相底片上具有类似恒星的点状像，在它们的光谱中，发射线也有很大红移，但不发出射电波，称之为“蓝星体”。蓝星体与类星射电源统称为“类星体”。

什么是星系团和超星系团

迄今用大型望远镜所发现的星系总数已超过千亿个。有趣的是，这些“庞然大物”在宇宙空间中的分布并不像一盘散沙，而是进一步聚集成一种规模更大的天体系统，称为星系团。而且，星系的这种“群居”习惯比恒星更甚，绝大部分星系（至少85%以上）都是出现在星系团中的。当然，这样的“部落”大小不一，包含的星系个数相差极为悬殊。小的只有十几个或几十个，也称为星系群，比如我们银河系所在的本星系群。多的可以有几千个，甚至上万个成员星系，比如后发星系团。像这样的大“部落”一般都有一个或几个“首领”——巨椭圆星系，它位于星系团的中央，四周聚集着它的“亲信”——椭圆星系或透镜星系，而漩涡星系和不规则星系则散布在更加外围的区域。通常，这些星系“部落”在空间分布上也会三五成群，形成“群落”，这就是所谓的超星系团了。

趣味点击

红　移

在物理学和天文学领域，红移是指物体的电磁辐射由于某种原因波长增加的现象。在可见光波段，表现为光谱的谱线朝红端移动了一段距离，即波长变长、频率降低。相反的，波长变短、频率升高的现象则被称为蓝移。红移最初是在人们熟悉的可见光波段发现的，随着对电磁波谱各个波段的了解逐步深入，任何电磁辐射的波长增加都可以称为红移。

最近的星系

以前，人们一直认为大麦哲伦星云是离我们最近的星系。但是，1975 年科学家们发现，在与我们银河中心相反着的方向上，有一个很小的星系。根据计算，它离我们有 55000 光年，距离只有大麦哲伦星云的三分之一，是目前已知的离我们最近的星系。与最近的恒星叫比邻星一样，人们也把它称为“比邻星系”。由于它的光度很暗，肉眼是无法看到的。

这个星系的质量很“轻”，还不到 100 万个太阳质量，与我们银河系的质量——1400 亿个太阳质量相比，银河系要比它重 14 万倍，它恐怕也是最小的星系了。

真的还有别的“太阳系”吗

除我们的太阳之外，其他恒星周围是否也存在着行星呢？这是个非常有趣的问题，它直接关系到其他天体上有没有可能存在生命的问题。这是因为生命只可能生存在那些围绕恒星旋转，并且具备生存条件的行星上。

真正发现太阳系外行星的历史是从 1995 年开始的，这年的 10 月，两位瑞士天文学家发现“飞马座 51 号”星周围存在着一颗行星类天体，它被命名为“飞马 51B”。三个月后，两位美国天文学家发现“室女座 70 号”星和“大熊座 47 号”星周围也存在行星类天体，它们分别被称为“室女 70B”和“大熊 47B”。从那时起到现在，被确认为是太阳系外行星的天体，至少已找到了 10 颗以上，可说是硕果累累。一个非常值得注意的情况是：这些被认为是行星的天体，比我们原先想象的要复杂得多，它们有的表面温度比较高，有的绕主星的轨道偏心率比较大。可以肯定，这样的行星上是不可能存在生命的。

具有重要意义的是，在离我们太阳系不算远的地方，也存在着类似于我们太阳系这样的“太阳系”。因此，我们不难想象，光是在银河系中，就可能存在着为数众多的“太阳系”。

宇宙中别的星星上有人吗

近代天文学告诉我们，太阳系不是银河系内唯一的行星系。例如，在太阳系附近，半径为 17 光年的空间内，共有 60 颗恒星，在它们中间，带有行星系的估计不会少于 10 颗。

凡是行星系都能有人存在吗？不。先决条件是作为行星系中心的天体是个什么样的恒星。如果中央星是个时而宁静、时而爆发的变星就不行，它一发“脾气”，不仅行星上的人受不了，就是行星本身也难保不烧化。要是中央星是周期膨胀和收缩的变星也不行，忽冷忽热的“太阳”，行星上的生命是难以适应的。表面温度高达 1 万℃以上的热星也不行，它的紫外线辐射太厉害，一切生命都无法生存。中央天体如果是相距很近的双星，那更不行，天上有两个“太阳”虽然壮观，要是有行星系的话，行星的公转轨道不是圆形的，而是一条十分复杂的曲线。行星时而接近两个太阳，烤得表面都熔化了；时而又跑到遥远的天边，成了酷冷的世界。温度变化范围那么大，怎么能住人呢？看来，只有类似太阳那样“稳定”的恒星，才具有得天独厚的条件，被它的行星所欢迎。天文学家把这种恒星叫作太阳型恒星。

尽管条件这样苛刻，限制这样严格，但在银河系中，具有合乎住人条件的行星系的太阳型恒星，还是可能有百万个之多，其中有些应该存在文明世界，但这需要人类去验证。

你知道吗

什么是离心率？

离心率，或偏心率，是指圆锥曲线上的一点到平面内一定点的距离与到不过此点的一定直线的距离之比。其中此定点称为焦点，而此定直线称为准线。

星际空间是真空吗

夜晚，我们看到天空中闪闪发光的点点繁星，很自然会想，在星星之间的宇宙空间里有什么？是一无所有的真空吗？在过去相当长的时间里，天文学家们确实认为星星之间是空的，那里没有恒星和气体。实际上，星际空间中并不是一无所有的真空，而是充斥着大量的气体和尘埃，叫星际物质。它们非常稀薄，几乎就是我们地面实验室中的“真空”。每立方厘米中仅有十几个原子，而我们呼吸到的空气，每立方厘米中却有多达3000亿亿个原子。星际物质的温度还不到50K，其中绝大多数是氢和氦，有微乎其微的尘埃微粒。此外在星际空间里，还发现有几十种不同的有机分子，有的还相当复杂，例如有由9个原子甚至11个原子构成的大有机分子。

星际空间模拟图

可见，星际空间不是一无所有的真空，而是形形色色、丰富多彩的“大千世界”。

恒星也“有生有死”吗

本身能发光发热的天体，我们称为恒星。天上的恒星千千万万，看上去除了亮度和颜色有些差异之外，好像都一样，只是些闪闪发光的星球而已。现代科学发现，这许许多多的恒星的物理状态、年龄等等是各不相同的。有的才刚形成，处于幼儿时代，有的处于青壮年时期，当然也有的恒星处于风烛残年。恒星的一生是极其漫长的，如太阳的寿命就有100亿年。人类的几千年文明史还不到恒星生命史的万分之一，因此，要想观测研究一颗恒星的起源和演化似乎是根本不可能的。但是，我们可以通过观察不同年龄的众多恒星去推测恒星一生的经历，就好像我们看到树苗、参天大树、种子以及腐烂的树干等就可推断出“种子发芽抽枝，长成树苗，树苗长成参天大树，最后大树衰老死亡变成腐烂的树干”这样一部树木的生命史。

由此可见，恒星也是有生有死的，不是永恒的。

“通古斯事件”是怎么回事

1908年6月30日上午7时许，在俄国西伯利亚中部通古斯地区，一个比太阳还要耀眼夺目的火球，呼啸着从天而降，顷刻之间，一声炸雷，震耳欲聋。爆炸的巨响传到千里之外，发出的冲击波把方圆100千米内所有房屋的门窗玻璃震坏，甚至远在三五百千米之外的人畜，也被突然一击打倒在地。2000多平方千米的森林树木轰然倒下，世界上所有的地震仪都记录下一段异乎寻常的曲线。

这是20世纪初，也是人类有史以来“目睹”的最大的一次“爆炸”。

究竟是什么东西在通古斯爆炸了呢?

1958年，苏联科学家对出事地点进行了考察。终于发现，该地区土壤中含有铁质陨星尘微粒，其中含有7%～10%的镍，而地球上铁矿中的镍含量最高也不会超过3%。后来，别的考察队又从当地沼泽灰泥土中发现了一些玻璃陨体、金属颗粒、硅化物颗粒和很小的金刚石颗粒，而这些物质正是彗星或小行星等行星际小天体的典型化学成分。从而证实通古斯事件的“肇事者”可能是某颗彗星的碎片，或者说是一颗小行星，它的直径约100米，质量在4万吨以上。当它以30千米/秒的速度撞入地球，因与地球大气剧烈作用，温度升高到几千摄氏度乃至上万摄氏度而发生爆炸，造成了震惊世界的通古斯事件。由于爆炸发生在高空，因而就没有在地面上留下陨星坑。

外太空究竟有多远

大多数天文学家认为，我们所能看见的宇宙，只是整个宇宙的一部分。真正的宇宙，要比我们所看见的大得多。但是究竟有多大呢？是不是永无止境呢？还是在某处有一个尽头呢？如果确实有这样一个界限的话，这个界限之外又是什么呢？

天文学家认为，答案可能就在宇宙自身的本性中。依据现在的理论，宇宙绕着它自己形成一个曲线，也就是说，永远不可能有“宇宙之外”的地方，因为无论你怎么走，都还是会绕着这个曲线再回到原处。

天文学家认为，宇宙弯曲的弧度很特别，不像地球曲线那么简单。既无法在纸上画出来，也无法以模型表示出来（但是却可以用非常复杂的数字计算出来）。正如我们可以不断地沿着地球表面飞行，而永远不离开地球表面一样，我们也可以在太空中飞行无限长的时间，但是却无法飞出太空之外。

宇宙的未来结局是怎样的

现代天文学告诉我们，我们生活在一个膨胀的宇宙中，相隔遥远的星系之间的距离在与时俱增，而且相互远离的速度与它们之间的距离成正比。我们的宇宙会永远膨胀下去吗？会不会有一天膨胀会停止下来呢？我们的宇宙的最终结局会是怎样呢？

广义相对论告诉我们，如果宇宙中有足够的物质，那么引力场就会强到使我们的宇宙时空弯曲像个球，宇宙膨胀最终会停止下来，而开始收缩，我们的宇宙将变成一个坍缩的宇宙。如果宇宙物质总量不够多，引力不够强，不足以阻止宇宙继续膨胀下去，这时宇宙就是双曲空间而无限延伸。怎么衡量宇宙物质的多少呢？人们用宇宙物质的平均密度来表示。决定宇宙是继续膨胀下去还是最终会停止下来的一个关键性的平均密度值，叫作临界密度，它等于 4.7×10^{-27} 千克/米^3。宇宙物质的平均密度比临界密度大一点，我们的宇宙就是封闭的，就是说，在遥远的某个时候，膨胀就会终止，而开始收缩；相反，如果我们的宇宙的物质平均密度比临界密度小一点，宇宙就是开放的，就是说、宇宙将永远膨胀下去，越来越冷寂、越来越空虚。

拓展阅读

密 度

在物理学中，把某种物质单位体积的质量叫作这种物质的密度。符号 ρ。国际主单位为千克/米^3，常用单位还有克/厘米^3。其数学表达式为 $\rho=m/V$。在国际单位制中，质量的主单位是千克，体积的主单位是立方米，于是取 1 立方米物质的质量作为物质的密度。对于非均匀物质则称为“平均密度”。

不过，有人认为，我们的宇宙中有许多看不见的天体，如黑洞、黑矮星等，此外，根据基本粒子理论推测宇宙中还有一些前所未知的基本粒子，如引力微子、光微子、轴子等，它们质量虽小，数量却很大。如果把这些物质计算进来，宇宙物质的平均密度就会超过临界密度，因而，在遥远的将来，我们的宇宙就会停止膨胀，在引力作用下收缩起来。究竟如何，目前还不能做出肯定的回答。

银河系及河外星系

星系，是宇宙中庞大的星星的“岛屿”，它也是宇宙中最大、最美丽的天体系统之一。到目前为止，人们已在宇宙观测到了约1000亿个星系。它们中有的离我们较近，可以清楚地观测到它们的结构；有的非常遥远，目前所知最远的星系离我们有将近150亿光年。

我们的银河是本星系群中的一员。银河系又名天汉、天河，是太阳系所处的星系。因为它像一条流淌在天上闪闪发光的河流一样，古称银河、天河、天汉，对北半球来说夏季看到的银河最明显，冬季银河很黯淡。银河系的直径约为10万多光年，中心厚度约为1.2万光年，总质量是太阳质量的1400亿倍。它包括1200亿颗恒星和大量的星团、星云，还有各种类型的星际气体和星际尘埃。

银河系知多少

天文学家用望远镜发现，除了我们这条银河之外，还有数百万个银河。就我们所知道的，银河基本上可分三类。螺旋形的（像我们这座银河）称为漩涡银河。距离我们最近的漩涡银河，大约有200万光年。

就我们所观察到的，最亮的银河中大约有17%是椭圆银河，像是延长的圈圈。这种银河大部分由恒星所组成，尘埃或气体似乎很少，甚至根本没有。有些银河称为不规则银河，这些银河里有恒星、尘埃和气体。距离我们最近的两个银河，便是不规则的银河。

银河系概貌

也有一些小的银河，叫作小银河。最小的一个只有几百光年的宽度，其内只有几千颗恒星。在宇宙里，小银河的数量或许比大银河的数量还要多。银河与银河之间有几十万光年的距离。银河通常以成群的状态出现。每一群都包括10个或10个以上的大星群与小星群。

离我们这座银河最远的银河，目前可以观察到的，大约有数亿亿光年之远；有一些银河离我们太远，远得无法想象。因此，要问宇宙里究竟有多少个银河，这个答案可能永远是个谜。

银河系的结构是怎样的

银河系的结构主要可分为银盘（包括旋臂）、核球、银晕，以及外围的银冕等部分。

银盘是银河系的主体，它的外形呈扁盘状，集中了银河系内的大多数恒星和星云，银盘的直径约为 8 万光年，中间部分较厚，厚度约 6000 多光年，周围逐渐变薄，到太阳附近便只剩二分之一厚度了。由于巨大的银河系本身也有自转，银盘中的亿万颗星球环绕银河系中心浩浩荡荡地做着旋转运动，从银盘中心向外弯曲伸展出 4 条旋臂，看上去犹如急流中的漩涡。

银河系的中央部分是一个恒星分布相当致密的核球，直径 1.2 万 ~1.5 万光年，略呈椭球形状。由于大量的星云和气体尘埃的阻挡，对核球方向的天文观测十分困难，所以，人们至今对它知之甚少，但可以肯定，核球内的恒星分布是十分密集的。

银晕是在银盘外围由稀疏的恒星和星际介质组成的一个巨大包层，它的体积至少是银盘的 50 多倍，但质量却只占银河系的十分之一。

银冕是 20 世纪 70 年代中期才被发现的，属于银河系的最外围，它的范围可远及 50 多万光年以外，比银河系的主体部分要大得多。但银冕内基本上没有恒星，全由极稀薄的气体组成，所以不易准确地测定它的真正范围。

银河和银河系是一回事吗

银河并不是什么天上的河流，而是一个由 1000 多亿颗恒星密集组成的盘状的恒星系统，我们的太阳系本身就处在这个系统之中。我们从太阳系向周围看去，这个恒星系统的盘状部分就呈现为一条带形天区，在这块天区的恒星投影最为密集。而由于距离遥远，肉眼不能把密集的恒星分辨出来，便把它看作一条发亮的光带，这就是我们看到的银河。这个庞大的恒星系统也由银河得名，称为银河系。所以，银河和银河系是两个不同的概念。

什么是河外星系

如果说银河系是一个巨大的“星城”，那么宇宙间是否仅此一个“孤城”呢？不是的。在广袤无垠、浩瀚辽阔的宇宙空间，还有许许多多像我们银河系一样的“星城”，叫作河外星系，简称星系。现在已经观测到的河外星系的总数已有数十亿个，它们如同辽阔的海洋中星罗棋布的岛屿，故也被称为“宇宙岛”。

哈勃望远镜拍摄到的河外星系

同银河系一样，河外星系也是由10亿至数千亿颗恒星、以及星云和星际物质组成的。星系的形态大体上可以分为三类：（1）椭圆星系，外形呈正圆形或椭圆形，中心亮，边缘渐暗。（2）漩涡星系，一般都有一个椭球状的比较明亮的中央核，从核中伸出两条或多条如蚊香般盘旋着的臂，称为旋臂。一部分漩涡星系的核心宛如一个棒状物，也称棒旋星系。（3）不规则星系，没有明显的核心和旋臂，外形很不规则，看不出旋转的对称性结构。

人类是怎样发现河外星系的

从1885年起，人们就在仙女座大星云里陆陆续续地发现了许多新星，从而推断出仙女座星云不是通常一团被动地反射光线的尘埃气体云，而一定是由许许多多恒星构成的系统，而且恒星的数目一定极大，这样才有可能在它们中间出现那么多的新星。如果假设这些新星最亮时候的亮度和银河系中其他新星的亮度是一样的，那么就可以大致推断出仙女座大星云离我们十分遥远，远远超

广角镜

哈　勃

爱德温·鲍威尔·哈勃，美国著名的天文学家。哈勃证实了银河系外其他星系的存在，并发现了大多数星系都存在红移的现象，建立了哈勃定律，是宇宙膨胀的有力证据（参见大爆炸理论）。哈勃是公认的星系天文学创始人和观测宇宙学的开拓者，并被天文学界尊称为星系天文学之父。为纪念哈勃的贡献，小行星2069、月球上的哈勃环形山以及哈勃太空望远镜均是以他的名字来命名的。

出了我们已知的银河系的范围。但是，由于用这种方法推测出来的距离很不可靠，因此也引起了争议。直到1924年，美国天文学家哈勃用当时世界上最大的2.5米口径望远镜，在仙女座大星云的边缘找到了被称为“量天尺”的造父变星，利用造父变星的光变周期和光度的对应关系，才定出仙女座星云的准确距离为220万光年，证明它确实是远在银河系之外，也像银河系一样，是一个巨大而独立的恒星集团。现在，人们已经找到了数十亿个这样的恒星集团，并将它们统称为河外星系，简称星系。

为什么把河外星系称为“宇宙岛”

迄今人类所能观测到的宇宙空间里，弥散分布着数十亿个星系。每个星系平均由近1000亿颗恒星以及弥漫于星际间的气体和尘埃所组成，每颗恒星都可能是和我们的太阳一样的天体。而我们太阳所在的银河系只是那千亿个星系中的普通一员，如同汪洋中的一个小岛。这就是宇宙岛概念的由来。

人类把河外星系视作“宇宙岛”的观念，可以追溯到18世纪中叶。康德在《自然通史和天体论》一书中，就曾明确提出“广大无边的宇宙”之中有“数量无限的世界和星系”的概念。并猜想，人们观测到的星空中的一些云雾状天体，可能就是像银河系一样由星群构成的“宇宙岛”，只是由于距离太远而不能分辨出单颗的恒星。那么这些云雾状“星云”究竟是在银河系之内还是之外呢？准确测定它们的距离就成为验证这种理论猜想的关键。

小麦哲伦星云

直到1924年，美国著名天文学家哈勃，通过照相观测发现仙女座大星云中的造父变星，从而较准确地推算出仙女座大星云与我们的距离，结果证实它远在银河系之外，是类似我们银河系的恒星系统。于是，继地球、太阳之后，银河系也失去了在宇宙中的任何特殊的中心地位了。这是20世纪天文学上最重大的发现之一。从此，人类的视野超越了银河系的疆界，进入更为广阔的空间。

离我们最近的河外星系是哪一个

河外星系也像银河系一样，里面有着数以十亿计的恒星。由于它们远在银河系之外，所以我们称之为河外星系。

大麦哲伦星云位于南天剑鱼和山案两星座的交界处，简称大麦云。它相当于12个满月并列在一起那么长，与我们的距离为16万光年，是离我们最近的河外星系。

小麦哲伦星云是最早被确认为河外星系的近邻星系之一，1912年，天文学家利用其中的造父变星作为“量天尺”，测定它的距离为19万光年。它位于南天的杜鹃座，简称小麦云，看上去长约4°。大、小麦哲伦云在空间彼此相距约5.4万光年。

大、小麦哲伦星云是已知河外星系中离我们最近的两个，可以说就在我们银河系的“家”门口。不仅如此，它们还与银河系有着物理上的联系，一起组成一个三重星系。

已发现的最远的河外星系有多远

20世纪70年代，人们有了射电望远镜，天文观测的视野更加广阔，可以看到离我们100亿光年远的星系，并发现了宇宙中存在着千姿百态、形状各异的星系。它们有的如漩涡，有的如棒槌，还有的呈不规则的形状。

自从太空望远镜——哈勃望远镜上天之后，它带给我们许多遥远星系的信息。1998 年 10 月，哈勃望远镜朝着比以前更远的空间和时间望去，发现了有可能存在的 120 亿光年外的星系。这些星系是在宇宙刚诞生后不久形成的。

时光飞逝，进入了 20 世纪末，科学技术的不断进步，使我们拥有了一种叫“亚毫米共用辐射热测定仪阵列”的新型摄像仪，它使我们能更加深入地搜索遥远的宇宙空间并拍摄下它们的图像，清晰地分辨出掩藏在宇宙尘埃后面的星系。

在美国夏威夷凯克天文台工作的科学家向世界宣布，他们在室女星座方向，距地球 140 亿光年的地方，发现了一个极暗的星系，这是人类目前所发现的距地球最远的天体。

趣味点击

光 年

光年是长度单位之一，指光在真空中一年时间内传播的距离，大约 94.6 千亿千米（或 58.8 千亿英里）。光年一般用在天文学中，用来量度很大的距离，如太阳系跟另一恒星的距离。光年不是时间的单位。秒差距是天文学中另一个常用的单位，1 秒差距等于 3.26 光年。例如，世界上最快的飞机可以达到每小时 11260 千米的时速，依照这样的速度，飞越一光年的距离需要用 95848 年。而常见的客机，时速大约是每小时 885 千米，这样飞 1 光年则需要 1220330 年。可以想象，光年对于人类来说是一个十分庞大的尺度。

恒星的亮度是怎么衡量的

晴夜，仰望天空，星光闪烁，但亮度各异。所谓亮度，就是我们在单位面积上每秒钟所接收的恒星的光能量。天文学上则用“视星等”来表示。2000 多年前，希腊天文学家喜帕恰斯把肉眼所看到的恒星按亮度分成 6 等，天上最亮的 20 颗恒星定为 1 等星，肉眼刚刚能看见的恒星定为 6 等星。星越亮，星等数越小。

望远镜发明以后，星等系统又推广到更微弱的恒星。以后又补充规定，星等相差 5 等，亮度比为 100 倍。因此，星等数减少 1，亮度增强 $\sqrt[5]{100}=$ 2.512 倍。现在用最大的望远镜，经过长时间露光，已可拍摄到暗达 23.1 等的恒星，这相当于 3 万千米外的一支烛光的亮度。

趣味点击　夏威夷

夏威夷州在 1959 年 8 月 21 日成为美国的第五十个州，由夏威夷群岛所组成，位于北太平洋中，距离美国本土 3,700 公里，总面积 16,633 平方公里，属于太平洋沿岸地区。首府为檀香山。在 1778—1898 年间，夏威夷也被称为“三明治群岛”。

为适应科学发展的需要，星等又推广到小数和负数，如“织女星”的星等为 -0.04，“河鼓二”（牛郎星）为 0.77，“北极星”为 2.3，“大角星”为 -0.06，“老人星”为 -0.73。恒星中最亮的是“天狼星”，它的星等为 -1.45。当然月亮和太阳比它亮得多，满月的星等数为 -12.73，太阳则相当于 -26.74 等。

以上说的，都是恒星的“视亮度”，是地球上人类感觉到的亮度。

为什么有些恒星的亮度会变化

天文学上把亮度会变化的星称为变星。

变星共分三大类：

（1）食变星。实际上是互相绕转的双星，当较暗的星转到前面挡住较亮的星时，我们就看到星变暗了；当两颗星互不遮挡时，看上去就变亮了。这一类变星的亮度变化是两星交会引起的，恒星本身的物理状态没有变化，这类变星也称为食双星。

（2）脉动变星。它们的亮度周期性地发生变化。一般来说，光变周期长的变星亮度变化大，光变周期短的亮度变化小。造父变星是脉动变星的一种。天文学家常用它来测定天体的距离。

（3）不规则变星。它们的亮度变化完全没有规律，或者规律不十分确定，新星和超新星也属于这一类变星。

现在已经知道变星是恒星演化到一定阶段的标志。一般说来，当恒星处于主序星阶段时比较稳定，当恒星演化到主序星阶段之前或之后都会出现不稳定性，它的亮度就会发生变化，成为变星。

密度最大的恒星都有哪些

1834 年，德国天文学家贝塞耳在做恒星位置精密测量时，发现天狼星在天穹上的运动比较奇怪，它的路径波浪起伏，而不是沿一条直线均匀地移动。当时估计，一定还有一颗看不见的伴星在旁边吸引着它。到 1862 年，美国光学家克拉克找到了这颗伴星。根据所测得的半径和质量，计算出它的平均密度竟有 175 千克/厘米^3，比水重 10 多万倍。这类密度大到 0.1 ~ 10 吨/厘米^3 的恒星叫作“白矮星”。

1967 年，人们在射电望远镜里偶然地发现了“脉冲星”。后来知道，这种脉冲星，就是 1932 年科学家已预言过的“中子星”。中子星几乎是由挤在一起的中子组成的，它的直径仅有 20 千米左右，而质量却有 0.5 ~ 2 倍太阳那么大。由此可见，它的密度为 1 亿吨/厘米^3 以上，比白矮星的密度还要大 1 亿倍！

广角镜

哈勃望远镜

哈勃空间望远镜，是以天文学家爱德温·哈勃为名，在地球轨道的望远镜。哈勃望远镜接收地面控制中心的指令并将各种观测数据通过无线电传输回地球。由于它位于地球大气层之上，因此获得了地基望远镜所没有的好处：影像不受大气湍流的扰动，视相度绝佳，且无大气散射造成的背景光，还能观测会被臭氧层吸收的紫外线。该望远镜于 1990 年发射之后，已经成为天文史上最重要的仪器。它成功弥补了地面观测的不足，帮助天文学家解决了许多天文学上的基本问题，使得人类对天文物理有更多的认识。此外，哈勃的超深空视场则是天文学家目前能获得的最深入、也是最敏锐的太空光学影像。

根据科学家们的计算，还有一类天体，叫作“黑洞”。

黑洞有大有小，小黑洞的密度比中子星还要大，高达180亿吨/厘米^3！这简直是无法想象的。

质量最大的恒星叫什么

遥远的恒星看得见，摸不着，怎么知道它有多“重”呢？最常用的是根据双星的轨道运动来求它们的质量。此外，也可以根据其质量和光度的统计关系来推算。我们看到的星星中，有许多质量比太阳大，如牛郎星的质量为太阳的1.6倍织女星质量为太阳的2.4M⊙。

右上是织女星，左下是牛郎星

目前已知的质量最大的恒星，是HD93256，它的质量为23.8×10^{28}吨，是太阳的120倍。它的引力也要比太阳大120倍。如果太阳的质量有HD93250那么大，那么，地球绕太阳的转动须得加速到300千米/秒以上，才能不被它吸到肚子里去。

最早发现的脉动变星是鲸鱼座O吗

在神奇的恒星世界中，有像太阳那样基本稳定不变的正常星，也有像心脏那样跳动的“脉动变星”。脉动变星的亮度会作规律性的变动。早在1596年，天文学家法布里修斯发现鲸鱼座O（刍藁增二）的亮度起伏变化，并确认它是一颗变星。这颗星光极大时可亮到1.7等，而光极小时只有10等左右，强弱相差2000多倍，光变周期在320~370天。这是一个体积很大的深红色的星，表面有效温度在1900~2600K（绝对温度），直径约为太阳的300倍，而平均密度只有太阳的百万分之一，比我们地面上的空气还轻1000倍！后来发现，它还是个双星的主星，它的伴星也是一个变星。

除了会突然爆发、变亮的“超新星”和“新星”外，“刍藁增二”是最早被发现的变星。

周期最短的脉动变星是造父变星吗

事实上，脉动变星包含有很多种类型，“刍藁增二”就是一类，这类变星叫“长周期变星”。它的光变周期很长，可达几百天。而有一类脉动变星的周期却很短，只有几小时，称之为“短周期造父变星”。

为什么它有这个怪名字呢？因为在1780年前后，最早发现的这一类变星是仙王座δ星。在我们中国，它的星名是“造父一”，故后来人们把它们称为“造父变星”。

“短周期造父变星”最典型的就是天琴座RR星，它的光变周期只有1.5小时~12小时，一个晚上会变几变。当然，它的光变量并不大，一般只1~2星等，即2~6倍。目前这类星人们已发现了4000多个。

造父变星

为什么把造父变星称作“量天尺”

仙王座δ星（造父一）是一颗变星，光变周期5.6天。现在已发现这类变星将近1000个，称为“经典造父变星”。它们的光变周期大致为1~50天，光变幅度0.1~2等。这类恒星的颜色通常呈黄色。

经典造父星的光变周期与它的绝对星等之间存在着固定不变的关系：即光变周期越长，其光度（真亮度）也越大。这称之为“周光关系”。它的重要性在于，只要发现经典造父变星，那么该星或该星所在的恒星集团（例如星团、星系）的距离便可准确定出。由于周光关系既简单又精确，至今仍是测定银河系内一些星团以及一些近距离星系的距离的一种重要方法。所以造父变星被称为天文学家的“量天尺”。

爆发变星是怎么回事

“爆发变星”就是一种亮度突然激烈增强的变星，光变的起因是星体本身的爆发。超新星是爆发最剧烈的恒星，因为爆发后的恒星大致解体了，所以称为“灾变变星”。根据爆发规模和程度，爆发变星有下列几种：（1）新星，光度变化超过 9 等。（2）再发新星，是新星爆发后，经过数年或数十年又发生爆发，甚至多次爆发，光度变化幅度同新星差不多。（3）矮新星，爆发规模较小，一般不超过 6 等。（4）类新星，它的特点是爆发次数比较频繁。

此外，金牛座 T 型星、耀星也是爆发变星。1924 年、1940 年、1945 年，人们曾多次观测到一些又小又暗的恒星，在几分钟的短时间里，突然比以前亮 6 倍左右，持续约半小时，又慢慢地恢复到原状，当时都未加以重视。直到 1948 年发现鲸鱼座 UV 星突然耀变，才重视起来。现在已发现 400 多颗耀星。它们的亮度小，约为 13 等，发亮时增加 6 等左右，是最暗的爆发变星。

银河系内最亮的超新星是什么星

在人类有史以来所记录的银河系的超新星中，最亮的要数 1054 年爆发的金牛座中的那颗超新星了。

对这次超新星爆发，我国古书《宋会要》记录得最为完整、翔实。我们为有这样光辉的古代星象记载而自豪。记录告诉我们，公元 1054 年 7 月 4 日凌晨 4 点左右，在金牛座突然发现一颗超新星。虽然天已破晓，仍是光芒四射，犹如太白金星，甚至白天都依稀可见。这种情况一直持续了 23 天。以后虽然逐渐暗下来，但在晚上仍可用肉眼看到，如是又持续了 1 年余（620 天），到 1056 年 4 月 6 日才观测不到它。这真是天文史上一大奇观。

银河系在近 1000 年中有超新星爆发记录的还有另外 3 次，它们是：1006 年超新星、1572 年超新星（又名第谷超新星）及 1604 年超新星（又名开普勒超新星）。

猎户座是能被我们肉眼看到的唯一星云吗

在壮丽的猎户星座中央，有一个肉眼看来模糊的斑点，它就是著名的猎户座大星云。宇宙中能用肉眼看到的星云只有这一个，其他星云需用望远镜才能看到。该星云离我们约 1500 光年。它是一个巨大的弥漫星云，估计直径达 300 光年，但只有直径约 25 光年的一小部分为星光照亮而被我们看到。

猎户座

星云比恒星要稀薄得多，它形状不规则，边界不明显。猎户座大星云内每立方厘米大约包含 300 个原子，而地面上的空气中每立方厘米有 10^{n} 个分子，比它密 3×10^{16} 倍。尽管这样稀薄，由于它范围很大，只要受到近旁炽热恒星的照耀，仍然是可见的，称为“亮星云”。这个星云的体积约为 7000 立方光年，包含 10^{60} 个原子，总质量相当于 1500 个太阳。

银河系中最稀薄的地方在哪里

银河系由上千亿颗恒星组成。在恒星之间，也不是绝对的空虚，那里也有物质，包括星际气体、星际尘埃，统称为“星际物质”。它的密度非常小，平均每立方厘米只有1个原子，重量只有10^{-24}克。像地球大小的一团星际物质，只有1千克重。这种密度是地球上实验室中远未达到的真空（目前地球上实验室的真空，相当于32000个原子/厘米^3）。

星际物质虽然如此稀薄，但如果把分布在整个银河系中的星际物质加起来，却又大得惊人，约为太阳质量的140亿倍，总共有27.8×10^{34}吨，约占银河系质量的十分之一。

星际空间有分子吗

地球如果没有大气，则太阳的紫外辐射、宇宙间的高能射线将会使一切生灵涂炭，因为宇宙射线将击碎各种复杂的有机分子！

在星际空间，极高能量的宇宙射线横冲直撞，无阻无挡，所以过去人们总以为那里充其量只有一些电离了的、失去电子的氢原子。

然而人们发现星际空间不仅有大量的未电离的氢分子，还有不少有机分子，甚至还组成了分子云。

目前已经知道的有61种不同的分子，组成这些分子的是氢、碳、氮、氧、硫、硅、钠等元素。最复杂、最重的星际分子是一种叫氰基辛四炔的有机物，分子量为123。它的分子式为HC_9N，其中有9个碳原子、1个氢原子、1个氮原子。

广角镜

硅

硅是一种化学元素，它的化学符号是Si，它的原子序数是14，属于元素周期表中IVA族的类金属元素。硅原子有4个外围电子，与同族的碳相比，硅的化学性质更为稳定。硅是极为常见的一种元素，然而它极少以单质的形式在自然界出现，而是以复杂的硅酸盐或二氧化硅的形式，广泛存在于岩石、砂砾、尘土之中。硅在宇宙中的储量排在第八位。在地壳中，它是第二丰富的元素，构成地壳总质量的25.7%，仅次于第一位的氧。

肉眼能看到的最近的星系是什么星系

用肉眼能看到的离我们最近的星系是大麦哲伦星云。

公元 1519 ~ 1522 年，葡萄牙航海家麦哲伦进行了人类首次环球航行。在他到达南半球时，发现天空有两团亮的星云，一个较大，一个较小，后来就分别取名为大、小麦哲伦星云。经过观测发现，它们实际上都是河外星系。大麦哲伦星云离我们只有 16.9 万光年。

大麦哲伦星云在南天的剑鱼座内，离南天极只有 20°，角大小为 21° × 19°，实际大小只有银河系的四分之一，质量只有银河系质量的十分之一。大麦哲伦星云属于不规则星系，因为它离我们很近，所以是天文学家的“座上宾”。它中间有不少变星、星团等天体，因而知道它的年龄只有 10 亿年左右。

由于麦哲伦星云在南天，我国只有在纬度较低的海南岛以南的地区才能看到它。

广角镜

钠

钠是一种化学元素，它的化学符号是 Na，它的原子序数是 11。钠单质不会在地球自然界中存在，因为钠在空气中会迅速氧化，并与水产生剧烈反应，所以只能存在于化合物中。钠的化学性质很活泼，可以和大部分元素反应，但是很难和硼、碳、铁和镍反应。钠在高温下可以和硅酸盐反应，侵蚀玻璃和瓷器。

肉眼能见到的最远的天体是仙女星云吗

如果不借助望远镜，人的眼睛能看到的最远的天体是什么？是仙女座大星云。它的目视星等是 3.5 等。

早先，人们测得仙女座大星云的距离是 80 万光年，实际上当时的“尺子”刻度不对，现在认为实际距离有 220 万光年。如果化成千米数，那就要在 2 后面加 19 个 0。为 2×10^{19} 千米。与最近的恒星比邻星相比，要远上 52 万倍。也就是说，如果比邻星和我们只相距 1 米，那么，仙女座大星云离我们就有 520 千米。

肉眼能见到的河外星系是极少的，只有三个：大麦哲伦星云、小麦哲伦星云和仙女座大星云。生活在北半球上的人，则只能看见这个著名的仙女座大星云。

质量最大的星系是什么星系

已知质量最大的星系是 M87（NGC4486），它的质量大约等于 27 万亿个太阳质量，几乎比我们的银河系还重 200 倍。M87 属椭圆星系，为 E 型，在室女座。

同时，这个质量最大的星系也是一个很强的无线电星系，它在无线电波段的辐射功率，在天体中也是名列前茅的。它的核有异常剧烈的活动。在该星系的西北方向有长串“喷流”从星系核中喷出。这种喷流不仅在光学上能见到，并且在无线电波段及 X 射线波段都已经测量到。这每一块物质本身就足以形成一个独立的星系。这种大规模的喷射现象，真可称为宇宙中的壮观。

最强的射电星系是什么星系

天体与仅仅发可见光的电灯不一样，除了能发出可见光、紫外光、红外光外，还会发出无线电波——射电波、X 射线、γ 射线等。对于那些能发出很强无线电波的星系，天文上称之为射电星系。

许多射电星系的光并不强，可射电却很强。对于这样的星系，一般望远镜是“视而不见”的，只能用射电望远镜——像雷达那样一类的仪器才可发现和研究它们。

发现最早（1946 年）和射电最强的星系是天鹅座 A。它发出的射电功率达 10×20^{24} 千瓦，比太阳光的功率大 300 亿倍。银河系的射电是 10×27 千瓦，只有它的百万分之一。

天鹅座 A 距我们有 10 亿光年的距离，大小约 35 万光年。奇怪的是它的无线电波“发射台”主要位于远离星系的两端，而与星系相合的位置上倒只有一个弱“发射台”。在它的中心，用光学望远镜可看到一个形态特殊的星系，20 世纪 60 年代初，人们还误认为是两个星系相互碰撞。

爆发能量最大的星系是什么星系

许多星系都有一个较密集的中心部分——星系核。星系核一般活动性都相当强，其中以大熊座（即北斗星座）的 NGC3034 星系核爆发的景象最为壮观。

NGC3034 距我们约 1300 万光年，它的爆发是星系核爆发中能量最大的。爆发所产生的喷射物以 1000 千米/秒的高速度一直延伸到离中心 14000 光年的远处。它爆发的能量，单单从红外波段辐射的能量就高达 2×10^{35} 千瓦/秒，而我们的太阳辐射的总能量还不到 10^{23} 千瓦/秒。也就是说，NGC3034 单就红外波段的辐射就比 5000 亿个太阳的辐射能量还多，甚至比我们整个银河系所有波段的辐射总量还大得多。

我们再从另外的角度来描述这么巨大的能量。假若这个星系核从形成到现在都以这样的规模进行着剧烈的爆发，那么它已辐射的能量高达 10^{56} 尔格。这比猛烈的超新星爆发还

拓展阅读

X 射线

X 射线，又被称为艾克斯射线、伦琴射线或 X 光，是一种波长范围在 0.01～10 纳米之间的电磁辐射形式。X 射线最初用于医学成像诊断和 X 射线结晶学。X 射线也是游离辐射等这一类对人体有危害的射线。波长略大于 0.5 纳米的被称作软 X 射线。波长短于 0.1 纳米的叫作硬 X 射线。

要强烈几百万倍，而一颗超新星爆发就能放出相当于几十亿亿亿颗氢弹爆炸时所放出的能量。由此可想象出 NGC3034 爆发的能量是多么巨大！

最遥远的类星体是什么星体

如果把光谱线红移确认为是视向速度造成的，而且也承认从观测事实中建立起来的哈勃定理：视向速度越大的星系离我们越远，这样就可认为类星体都是十分遥远的天体，因为它的红移值一般都比河外星系大得多。

目前已知红移最大的类星体是 PKS2000－330。据测定，它的红移值相对应的视向速度竟达 0.92°，3C273 两个辐射部分的分离，正以 27.5 万千米/秒的速度离我们而去。它与我们的距离在 160 亿光年左右。

物体的速度达到 27 万千米/秒时，会产生不少难以置信的奇特现象。如在这个类星体上，所有的钟将走得很慢（我们的钟走 1 小时，它只走 26 分钟），而所有的尺子则会缩短同样的倍数……这就是所谓的“相对论效应”。

最早发现的类星体是 3C48 还是 3C273

1960 年第一个被研究的类星体是 3C48。在照相底片上，它同一个 16 等的恒星像差不多，比肉眼能看到的最暗的星要暗 1 万倍。1963 年，对另一个强射电源 3C273 的谱线再次分析后，天文学家施米特认出了 3C273 的谱线乃是地球上所熟知的一些元素（氢、氧、氮等）所产生的，只不过是谱线都向红端移动了（天文上称之为谱线红移）。

那么，哪一个作为最早发现的类星体，是 3C48 呢？还是后来居前的 3C273 呢？在光学上的仔细研究，倒是 3C48 在前，但当时未能判断出它作为类星体的一个主要标志——大红移的性质；3C273 虽则研究在后，但从它的谱线中却首先揭示出未识谱线乃是大红移的结果，从而人们又结识了一类新型天体。在介绍了这段有关发现类星体的有趣历史后，在 3C48 和 3C273 中到底哪一个算是最早发现的类星体，就请读者给以公正的评定吧。

类星体 3C273 结构是怎样变化的

随着射电天文观测仪器的发展和技术方法的提高，除了测得 3C273 的无线电辐射流变化外，还从 1977～1980 年的资料中分析出这个类星体的结构也在变化。这种变化的情况是它的两个辐射部分在互相分离着。假若认为类星体 3C273 的距离也能像普通星系那样从红移算出的话，那么在上述 3 年的观测中，3C273 的这两个辐射成分已分离得很远了，这样用分离的距离除以分离的时间可算出它们分离的速度，这速度竟高达 290 万千米/秒，是光速的 9.6 倍。像这一类看起来是超光速运动的天体，还有射电星系 3C120、类星体 3C345 等其他 7 个宇宙射电源。它们的一些辐射部分分别以光速的 2～9 倍的范围内在分离着。

像这种高速的分离在地球实验室中是不允许存在的。因此天文学家想了多种办法去解释，问题还在深入讨论之中。

第一个双核星系是什么时候发现的

银河系有一个较密集的核。其他的一些星系也有星系核，如前面所提到的仙女座大星云就有一个较大的椭圆形的核。一般的星系中观测到的核只有 1 个。随着天文学家强烈地期待着发现双核的星系，但以前一直未观测到。直到 1979 年 4 月，由美国、苏联、前联邦德国、瑞典四国射电天文学家进行了联合观测，才发现了第一个双核星系。经计算，这个星系核的总质量为太阳质量的 8 亿倍，它的直

仙女座大星云

径大于1光年。

最密的星系团在哪里

星系的分布也与恒星分布相似，有不少是成群成团的。两个星系在一起叫双重星系，三个星系在一起的叫三重星系，更多的如有成百上千，甚至几万个星系分布在较近的区域，称为星系团。星系团中最密的是在飞马座的星系团。

在这个最密的飞马座星系团中，平均在边长为100万光年的立方体中有58个星系，这比我们所观测到的宇宙空间中平均的星系密度要密4万倍之多。这个星系团距离我们1.4亿光年，直径达470万光年。

最近和最远的星系团各是什么

目前已观测到的星系团有3000个左右，其中距我们最近的是室女座星系团。它离我们“仅”约6000万光年。它东西横跨15°，南北延伸40°，占了很大一片天区，直径约850万光年。这个星系团也很亮，在249个最亮星系中，有203个星系是这个室女星系团的成员。这个星系团中一共约包含星系2500个。

距我们最远的星系团是3C295所在的星系团，它距我们约有50亿光年，比室女星系团远80倍以上。由于它太远了，即使用目前最大的望远镜，在照相底片上也仅呈现一些“尘埃”点，要细看才能分辨出来。

最巨大的星系系统在哪里

超星系是1953年法国天文学家对亮的星系做统计时发现的。在这个超星系中约有 10 万个星系，它是宇宙中已知的最大的系统。它们大致分布在一个与银河互相垂直的大圆环中，这个圆环虽然只占我们所看到的天区面积的十分之一，但所有的亮星系倒有三分之二是在这超星系系统中。经过细致的观测，发觉这个星系系统的圆环相当薄，环的直径比环的厚度要大 5 倍，这种现象在星系团中从未发现过。这个超星系的直径大到 2 亿光年。它的质量相当于 1000 万亿个太阳质量。

我们的银河系也是这个超星系的成员，但不在它的中心，而在离它外缘 1000 万光年左右的地方。这个超星系的中心在室女星系团中，因此室女系团也可看成是这个超星系的核心。这个超星系称为本超星系。

温度最高和最低的恒星各是什么星

恒星在颜色方面各不相同，颜色主要反映它们的表面温度。太阳是一颗黄色的恒星，表面温度在 10000℃左右，颜色呈白色，牛郎星、织女星都是白色的恒星；温度高达 25000℃～40000℃时，恒星的颜色呈蓝色。猎户座 ι（伐三），是温度最高的恒星之一，它的表面温度高达 40000℃以上，是一颗典型的蓝色恒星。

脉冲变星刍藁增二（鲸鱼座 O），是一颗红色的恒星，它的表面温度只有 2000℃，可算是温度最低的恒星之一。但即使是这颗最“冷”的恒星，它的表面温度也足以使黄金和钢铁化成液体。至于温度比它高 20 多倍的猎户座 ι 星，它热的程度就难以想象了。

自转速度最大和最小的恒星各是什么星

目前已测量了数以千计恒星的自转速度。不同类型的天体具有不同的自转速度。有一类恒星叫“B 型发射星”（以符号 Be 表示），它们赤道上的自转速度最大时可为 630 千米/秒。地球上看到的最亮的 Be 星是波江座 α。

现在认为脉冲星是快速自转的中子星。有一颗中子星叫 PSR0531，其自转周期仅为 0.033 秒，也就是一秒钟可转上 30 圈，它表面上的自转速度竟达 2000 千米/秒。

是否有自转速度最小的恒星？现在认为，主要集中在银河系核心的“第Ⅱ星族”这一类恒星，恐怕是自转速度最小的恒星，它的表面自转速度平均只有 1 千米/秒。

基本小知识

自　转

自转是指物体自行旋转的运动，物体会沿着一条穿越本身的轴旋转，这条轴被称为“自转轴”。一般而言，自转轴都会穿越天体的质心。恒星和行星都会自转，小天体亦大多会自转。作为天体的集合体，星系也会自转。如果行星自转轴在长期运动中渐渐偏离原有方向，即会产生岁差。

视向速度最大的恒星是什么星

风驰电掣的列车在祖国大地上驰骋。你注意过吗？当它向你飞奔而来时，它的汽笛声特别尖锐刺耳，而一旦经过你的身旁后，声调一下降低了很多。这个现象称为“多普勒效应”。它在天文上有着广泛的用途。

多普勒效应不仅会使声音变尖（声波波长变短）变钝（波长变长），也会使光的波长发生细微的变化。天文学家们利用精密的仪器由此测得了不少恒星的视向速度。

如果恒星远离我们而去，则光的波长会变长，天文上称“红移”，它的视向速度定为正值。反之，如果恒星在向我们飞来，则光波长变短，称为“紫移”，这种视向速度以负值表示。如牛郎星以 26 千米/秒的速度飞向太阳，便记作 -26 千米/秒。同样道理，老人星的视向速度为 21 千米/秒，表示它以这个速度在离我们而去。

在向我们飞来的恒星中，速度最快的是武仙 VX 星，视向速度值达 -405 千米/秒。这样的速度，从北京飞到南京不到 3 秒钟。而在离我们而去的恒星中，最快的是视向速度为 543 千米/秒的巴纳德星，它比一般的飞机要快几千倍呢！

磁场强度最大的恒星是什么星

从理论上讲，每一恒星都应有磁场。已发现了 100 多颗恒星的磁场强度高达 10000 高斯。有些恒星，由于磁场强度较小，或者因为它发出的光到达地球时已很微弱，或者上述两种原因兼而有之，因此暂时还无法测出来。

太阳的普遍磁场很弱，只有 1～2 高斯，而迄今已知的磁场强度最大的一颗正常恒星是 HD215441，它的强度为 34400 高斯。白矮星的磁场强度比这还要大得多，为 10 万～1000 万高斯。

有人认为，恒星的磁场强度与它的平均密度有某种关系，密度越大，磁场强度也越大。因此中子星的磁场强度比白矮星更大，其强度有 1 万亿～100 万亿高斯。

最大的星座是长蛇座吗

星座是人们凭想象而划分的，因此它们并不均匀，肉眼可见的星数有多有少，“地盘”有大有小。全天最大的星座是“长蛇座”。它宛如一条巨蟒，从东向西绵延 102°的天区（全天区长 360°），宽从天赤道北 7°到南 35°达 42°，面积达 1300 平方度，占全天空总面积 3.2%！整个长蛇座中，亮于 5.5 等的星有 68 个以上。5 月夜空，当蛇头从正南方昂起时，它的蛇尾还隐在东方的地平线之下呢！

新星爆发为什么如此可怕

恒星和太阳一样，虽然看来很宁静安定，但实际上却不时有剧烈的物质抛射或爆发。太阳上就常常有相当 8 亿颗氢弹的大耀斑发生。

然而与新星和超新星相比，这简直算不了什么。

新星突然爆发时会比太阳亮上几万倍，即相当于爆炸千万亿亿颗氢弹，比太阳的耀斑大了几百万亿倍。这样的爆发有时能抛出 1 个木星的质量（1.9×10^{24}吨），少说也有 2×10^{22}吨，比水星、金星、地球和火星四个行星的总和还大。

在公元前 14 世纪，我国的一片甲骨上已有新星爆发的最早记载。而中外史上都有记载的，是公元前 134 年 6 月爆发的那颗新星。

不过最厉害的还是“超新星”爆发，它的一次爆发又比新星强 10 万倍。每次超新星的爆发简直是恒星的大灾大难，它竟能把一整个太阳质量抛出去。恒星经过这样一折腾，常常土崩瓦解，进入它的晚年阶段——变成一颗白矮星或中子星，甚至黑洞。

知识小链接

耀 斑

耀斑是在太阳上发生的一种局部辐射突然增加的太阳活动。太阳上的等离子被加热至一千万度，电子、质子及一些重离子被加速到接近光速。这些离子发出的电磁波波段由电磁波谱上的长波微波至最短波长的 γ 射线。大部分耀斑都出现在太阳活跃的区域如黑子附近，即是太阳表面磁场线露出日冕的部分。耀斑的能量主要来自于日冕突然释放的磁能。耀斑所放出的 X 射线及紫外线可影响地球大气层中的电离层，破坏人类的电磁通讯。

脉冲星为什么能发出脉冲信号

起初，人们看到脉冲星以极其精确的时间间隔发出无线电脉冲，以为是地球之外的有理智的生物发来的电码，因此把脉冲星叫作“小绿人”。后来才意识到，这是一种奇异天体。英国学者休伊什在图书馆查阅大量科学文献进行深入研究，终于指出这种无线电脉冲是自转着的中子星发出的。现在已发现有400多颗脉冲星，绝大多数是发出无线电脉冲的射电脉冲星；只有金牛座蟹状星云中心的脉冲星和船帆座中的脉冲星，不但发出射电脉冲信号，还发出光脉冲信号。

那么，脉冲星为什么可以以精确的时间间隔发出脉冲信号呢？人们认为中子星在快速地自转着。例如，蟹状星云脉冲星每秒钟自转30次，还有每秒钟自转642次的脉冲星（PSR1937+214）。自转轴与中子星的磁轴是倾斜的，带电粒子能够沿磁北极和磁南极的方向上向外流出，在流动过程中产生两束辐射束，当中子星自转时，辐射束就扫过天空，如果我们正好在辐射束扫到的方向观看的话，那么每当辐射束扫过时，我们就看见一次闪光或射电脉冲信号。这就好像是海上旋转的“灯塔”，因此，这种理论又叫作“灯塔”模型。

恒星是由什么组成的

每一颗自身发光的星都是一个“太阳”，像我们的太阳一样。也就是说，每颗恒星都是发热的气体的大星球。恒星上非常热，把一片钢放上去，会在弹指之间熔化。

在一个比较冷的恒星上，物质差不多接近流体，有点像熔炉里的熔铁。有些非常古老而完全冷却的恒星，物质的密度非常大，大约60千克/厘米^3，这些恒星被称为“死星球”。

天文学家利用一种叫作“天文望远镜”的仪器观察恒星，用望远镜观测恒星发出的光，从中可以知道各星球有些什么物质或温度的高低等情形。各星球的颜色也不同，有白色、蓝色、黄色和红色。通过颜色可判断这颗星球上存在哪些化学元素。各星球发出不同的光谱，表示各星球的温度不同，由光谱可以确定星球的温度。

恒星是怎样分类的

当我们晚上仰望天空的时候，看不出星球之间有多大差别。只是看见有的稍微大一点，或稍微亮一点。而存在于星球间的最大不同，我们却看不出来。

恒星分类的方法之一是按照星球的光谱。光谱是光线折射所产生，星球的光谱排列次序是从蓝色到红色。太阳被列为黄色，是中间色。

蓝色的星大、热而且亮，表面的温度高达 50000℃以上。太阳的亮度中等，表面温度大约为 6000℃。红色星球被列为冷星球，表面温度在 3000℃以下。所以你会看见有些恒星特别亮，有些恒星比较暗。

一颗星球的亮度，我们称为光度，光度是测定星球明暗的单位。如果星球的光度只有 6 度，除非用望远镜，肉眼是看不见的，1 度的星球最明亮，我们已知的这类星球大约有 20 颗。20 度的星球最少也有 10 亿颗，不过这许多星球只有用望远镜才能看得见。

空中有多少颗恒星

如果我们夜间在远离城市照明区的乡村仰望天空，就能够看到大约 2000 颗恒星。在整个天空中，有 5000～6000 颗人们能够用肉眼看得见的恒星。然而，若通过高倍望远镜，就可见到数百万颗恒星。

恒星有行星吗

太阳的周围有八大行星环绕，所以很有可能其他恒星也有自己的行星。然而，其他恒星距我们非常遥远，以至于它们所拥有的任何行星由于相对太小，而使人们即使用最高倍望远镜也无法看到。不过，探测到其他恒星附近是否存在非常大的行星是可能的。如果一颗恒星有一个巨大的行星，那么行星的引力就会使恒星产生微小的摆动，从而可算出小天体的存在。1944 年，在名为“天鹅 61 号”的天鹅星座，观测到了恒星运行时的摆动现象。在观测这次摇摆中，天文学家计算出了这颗行星是木星的 15 倍。1963 年，在一颗叫“巴纳德”的恒星附近探测到了一颗行星，它相当于木星的二分之一，与我们太阳系里的大行星十分相似。据天文学家推测，还有许多带有行星的恒星未被发现。

星系核是怎样活动的

在后发星系团的中部有一个 E 型超巨星系 M87，也就是 NGG4486。在露光时间较短的照片上，我们可以看到有一发亮的长条从它的核心部分延伸出去，颜色很蓝，累积绝对星等达到 -14 等，相当于一个小的星系。在这个长条形伸出物的两端之外还有两个小的圆形的东西，和长条成一直线。这三个客体一定都是由星系的核抛出去的。1967 年，又发现在该星系核的另一边，和上述三个抛出物正相反的方向，还有一个小的抛出物，并且在延长线上有六七个星系。

拓展阅读

木 星

木星是太阳系从内向外的第五颗行星，亦为太阳系中体积最大、自转最快的行星。它的质量为太阳的千分之一，但为太阳系中其他行星质量总和的 2.5 倍。木星与土星、天王星、海王星皆属气体行星，因此四者又合称类木行星。木星至少有 63 个卫星，其中有 4 个主要卫星，1610 年由伽利略发现，合称伽利略卫星。卫星中体积最大的木卫三直径甚至大于水星。

这些星系有可能也是由 M 87 的核所抛出的物质形成的。抛出很大的一块或几块物质，这是星系核活动的一种形式。

星系核活动的另一种形式，是朝沿短轴方向抛射物质。在大熊座里有一个不规则星系 M82（即 NGG3034），过去用混合光（白光）拍照，没有发现抛射。到 1963 年，有人改用单色光拍照，用和中性氢气体所产生的红色谱线相同波长的红光拍照，发现这个星系的核于 150 万年前发生过一次规模巨大的爆炸。M82 星系核以 1000 千米/秒的速度沿短轴方向抛出了质量等于 5.6×10^6 太阳质量的物质，并发出磁阻尼辐射，成为一个射电源。类似的爆发在其他一些星系上面也发现了，有的比 M 82 更加厉害。例如，飞马座星系团里光度最大的星系 NGG1275，曾经发生过一次比 M82 还强烈的大爆发，抛出物质的速度超过 3000 千米/秒。

银河系的核今天虽然相当平静，但在演化史上它也曾经过核活动厉害的阶段。根据几方面的观测资料判断，银核于 1300 万年前发生过一次不算大也不算小的爆炸，在 100 万年时间内抛出不少物质。今天，在离银道面较远处（高银纬处）观测到了好些个气云，它们的运动速度在 100 千米/秒左右，有的正离开银道面，有的正接近银道面。这些气云有可能是银核在那次爆发中抛出的，有的还在离开核，有的已在落回核。在银心方向，离银心约 3000 秒差距处（离太阳 7000 秒差距）发现了一团物质，过去人们以为它是银河系的一条旋臂的一部分，由于从太阳看来它在人马座方向，因而被称为人马臂。现在人们认为，它不是旋臂，而是于 1300 万年前银核爆发时抛出的一团物质，它正好朝太阳方向走过来，由于速度不大，到现在还没走到半路。

基本小知识

辐　射

辐射指的是能量以波或是次原子粒子移动的形态传送。辐射之能量从辐射源向外所有方向直线放射。一般可依其能量的高低及电离物质的能力分类为电离辐射或非电离辐射。一般普遍将这个名词用在电离辐射。电离辐射具有足够的能量可以将原子或分子电离化，非电离辐射则否。辐射活性物质是指可放射出电离辐射之物质。电离辐射主要有三种：α、β 及 γ 辐射。电离辐射或非电离辐射皆对生物有害，而且可影响自然环境。

太阳系大家庭

日升日落，生命不息。当我们每天沐浴在阳光下，享受着大自然带给我们的温暖时，有没有对给予我们生命的太阳产生好奇呢？

太阳是太阳系的母星，也是最主要和最重要的成员。而太阳系位于银河系位居银河外围的一条漩涡臂上，称为猎户臂或本地臂。它是以太阳为中心和所有受到太阳引力约束的天体的集合体：8 颗行星、至少 165 颗已知的卫星和数以亿计的太阳系小天体。这些小天体包括小行星、柯伊伯带的天体、彗星和星际尘埃。

美丽的地球，生命的奇迹，是宇宙的巧合或是上帝的杰作？地球是太阳系第三颗行星，有一卫星称为月亮，地球大气层的保护及距离太阳位置的适当，是生命起源的重要条件。

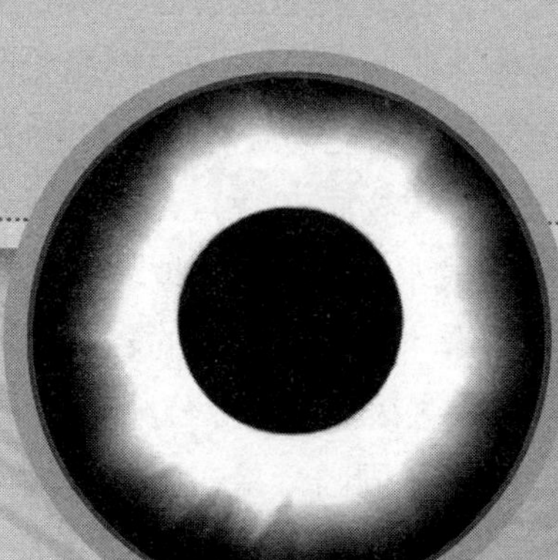

太阳系是怎样形成的

大约在50亿年前，就在太阳系所在的区域里弥漫着由氢和氦及少量重元素组成的原始太阳星云。当时银河系一支漩涡臂扫过并压缩原始星云，使其密度增大。由于引力吸引，星云开始收缩，并且旋转加快，星云便逐渐变成圆盘形状，直径大约100亿千米，厚度约2亿千米。物质不断地降落到原始太阳星云的中心，因而星云中心区域的温度非常高，形成了原太阳。在星云外部区域，温度比较低，那里存在大量岩石性物质、冰性物质以及氢、氦等气体物质。它们在碰撞后会互相黏结在一起，最后产生一些物质团块，它们在引力作用下，向星云的中央平面沉降、聚集。几十万年之后，太阳星云中的大部分固体物质都聚集分布在一个以原太阳为中心的巨大薄层中，薄层中的物质在引力作用下是不稳定的，越来越多的团块被吸积到较稠密的区域，渐渐地它们终于合并成为直径几千米的球体，叫作星子。在以后的几百万年中，星子彼此之间的吸引作用使它们结合成更大的天体（叫原行星）。4个距原太阳近的原行星，它们的冰物质和气体很少，大部分是岩石性物质。由于内部放射性同位素衰变放热，使原行星内核处于熔融状态，重物质（铁）逐渐沉降到中心，轻物质上升到表面，它们后来就分别演化成水星、金星、地球和火星。这些行星都有一个致密的铁质核心，外面包围看一层密度较小的岩石层。由于它们的质量和体积较小，表面引力也较小，失去表面的大部分原始气体。四个外行星（木星、土星、天王星和海王星）多半是同内行星在同一时间以同样方式形成的，当原行星逐渐演化成行星的时候，原太阳的引力收缩使它内部变得越来越热，在大约45亿年前终于达到能够点燃热核聚变之火的高温，太阳就诞生了。太

太阳系

阳诞生时产生很强劲的太阳风，在长达几百万年的时间里，把太阳系内残存的原始太阳星云物质，甚至把内行星的大部分原始大气都刮跑了，只有一些固体物质（行星、卫星、小行星、流星体、彗星）能够抗得住这种强风，仍然留在围绕太阳的轨道上。至此，太阳系最后形成了。

太阳系有多大

也许你看见过日出时的情景，在你迎接早晨第一束阳光的时候，你是否知道，它从太阳照射到我们地球，已经“跑”了 8 分 20 秒了。你能想象得出太阳离我们有多远吗？要知道光线每秒钟可跑 30 万千米呢，它沿赤道绕地球 1 周，只需要七分之一秒！地球到太阳的平均距离是 1.5 亿千米（称为 1 个天文单位）。

可是，从距离远近上来说，地球还只是太阳的第三颗行星。太阳系里还有一些天体，在它们远离太阳的时候，通常会大大地超出冥王星的轨道，这就是彗星。有些彗星的轨道形状扁得出奇，要经过几百年、几千年甚至更长时间之后，才能回来一次，这样算来，它们离太阳的距离就可能会超过几千亿千米。

20 世纪 50 年代，荷兰天文学家奥尔特提出，在太阳系的外围，大约离太阳 15 万天文单位的地方，有一个近乎均匀的球层结构，其中有大量的原始彗星，这个球层就被称为“奥尔特云”。究竟有没有所谓的“奥尔特云”，还有待于天

你知道吗

什么是天文单位？

天文单位是天文学中测量距离，特别是测量太阳系内天体之间的距离的基本单位，地球到太阳的平均距离为一个天文单位。一天文单位约等于1.496亿千米。1976年，国际天文学联会把一天文单位定义为一颗质量可忽略、公转轨道不受干扰而且公转周期为 365.2568983 日的粒子与一个质量约相等一个太阳的物体的距离。当前被接受的距离是 149,597,870,691 ± 30 米（约 1.5 亿千米。

文学家们做进一步研究。

太阳系大家庭里有哪些成员

太阳系家族是由太阳、八大行星、几十颗卫星、成千上万颗小行星和为数众多的彗星、数不清的流星体以及充满太阳系空间的行星际物质等构成的天体系统。

八大行星距离太阳由近及远的顺序是：水星、金星、地球、火星、木星、土星、天王星、海王星。木星个头最大，是行星中的“老大哥”。除水星和金星以外，另外 6 颗行星都有自己的卫星。卫星中以土卫六直径最大，约 5800 千米，比水星还大。

彗星是太阳系中形状最为奇特、多变的一员。接近太阳时，彗头直径有的大到 10 万千米以上，彗尾更是长达上千万千米，甚至更长，真是一个庞然大物，然而它的平均密度竟比人造真空还低得多。

流星体平常看不见，只有当它们闯入地球大气层时，与大气摩擦并燃烧，就在天空中留下了一道耀眼的亮光，这就是我们看到的流星。每年落到地面的没有燃尽的流星体不下 20 万吨，绝大多数只有针尖般大小，有些质量较大的流星体，没烧完就落下来，这就是陨星。

行星际物质极为稀薄，它们大多集中在黄道面附近，从而形成黄道光（日出前或日落后，出现在黄道两边锥体状的微弱光芒）和对日照（在低纬度和高山地区，有时在背太阳的天空，可以看到的一个椭圆的亮斑）等天文现象。

为什么说太阳是一颗普通的恒星

我们可以把太阳与其他恒星相比较，来认识在数以亿万计的恒星世界里，太阳究竟是怎样的一个天体。

先说恒星的质量。恒星质量基本上都在太阳质量的百分之几到 120 倍之间，其中以在 0.1 ~ 10 个太阳质量之间的占多数。可见，太阳只是一颗质量处于平均水平的普通恒星。

从恒星的直径大小来看。一般认为，“御夫座£ ”食双星系统中的那颗看不见的伴星，大概是已知最大的恒星，估计直径为 57 亿千米，相当于太阳直径的 4000 多倍。中子星是迄今发现最小的星，典型中子星的直径约 10 千米，相当于太阳的十四万分之一。

再说恒星的光度，也就是恒星真正的发光能力。恒星光度变化范围很大，大体上都在太阳的 0.02 万 ~ 50 万倍。

从恒星的表面温度来说，恒星的表面温度基本上都在 2000℃ ~ 80000℃，太阳夹在中间，表面温度约 6000℃。

进行比较之后，我们发现太阳是颗一点也不特殊、貌不惊人的普普通通的恒星。不仅如此，它还与其他恒星一样，只是银河系的一般成员。

为什么太阳会发光发热

很早以前，人们就在思索：太阳所发出的巨大能量是从什么地方来的呢？

显然，太阳上所发生的不可能是一般的燃烧。因为即使太阳完全是由氧和质量最好的煤组成，那也只能维持太阳燃烧 2500 年。而太阳的年龄比这长得多，是以数十亿年来计算的。

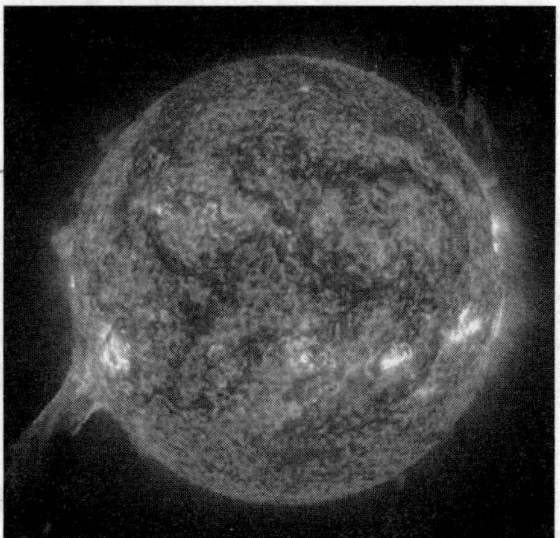

拥有巨大能量的太阳

1854 年，德国科学家亥姆霍兹第一个提出了太阳能源的科学理论。他认为，由于太阳上气体物质不断发出热量，因而不断地因冷却而收缩。收缩时物质向太阳中心下落，产生能量，使太阳损失的能量不断地得到补充。根据计算，太阳直径只要每年缩短100米，收缩所产生的能量，就足以补偿它辐射出的能量了。可惜的是，即使太阳最初的直径等于太阳系最远的行星的轨道直径，收缩到现在的大小，也只能维持太阳闪耀2000万年。

在19世纪，有些科学家还认为太阳会发光，是陨星落在太阳上所产生的热量、化学反应、放射性元素的蜕变等引起的，但所有这些都不能解释太阳长期以来所发出的巨大能量。

1938年，人们发现了原子核反应，终于解开了太阳能源之谜。太阳所发出的惊人的能量，实际上是来自原子核的内部。原来在太阳上含有极为丰富的氢元素，在太阳中心的高温（摄氏1500万度）、高压条件下，这些氢原子核互相作用，结合成氦原子核，同时释放出大量的光和热来。

知识小链接

原子核

原子核是原子的组成部分，位于原子的中央，占有原子的大部分质量。组成原子核的有中子和质子。当周围有和其中质子等量的电子围绕时，构成的是原子。原子核极其渺小，如果原子是一座大厦的大小，那么原子核只像大厦里的一张桌子那么大。

太阳有多热

如果说太阳只不过是天空的一颗星，这个看法一般人很不容易接受，因为我们所看到的星都是那么小，虽有光而不太亮，虽有热而感觉不到，但是太阳就比一般的星球大得多了。我们觉得太阳比一般的星球大，是因为太阳距离我们最近，太阳距离地球只有149664900千米，除太阳之外，距离地球最近的发光星球是40兆千米。

太阳表面的温度有多高呢？科学家认为是6000℃。为了使你知道太阳表面有多热，我们举一个例子来说明。把铁熔炼成钢，所需要的温度约达

1500℃。由此你可以知道太阳的表面是多么热。至于太阳的内部，科学家估计可能会达到2000万摄氏度。

关于太阳内部的这个温度，并不是科学家凭空猜想的，因为太阳由4层气体物质包围着。我们不知道太阳内部的详细情形，但是我们知道太阳是由什么组成的，举例来说，我们知道太阳包含的化学元素，仅辐射到地球的就有60多种。

太阳能有多少

没有太阳，地球上便不可能有生物。大气会冻结成块，绿色植物不能生存，天空也不会下雨。因此说太阳是最宝贵的。

实际上，太阳并不特别，太阳只不过是一颗恒星，不是最大的，也不是最小的；不是最亮的，也不是最暗的，仅仅是宇宙间亿万颗恒星之中的一颗普通的恒星而已。只不过是碰巧，太阳成为距离我们最近的恒星，而且我们和太阳的距离适中，正好可以利用太阳能。

科学家不知道太阳是怎样形成的。实际上没有人知道宇宙是怎样形成的，更无法确定恒星是怎样形成的。所以有关太阳的许多事实，没有人能确切说明。例如，太阳怎么能持续燃烧？实际上太阳并不是在燃烧。科学家认为是太阳上的热和压力，使物质变成了能，太阳正耗费着本体的物质，释放着由物质所变成的能。

太阳放出的能实在太多了，所以我们不必担心有一天会缺乏太阳能。

怎样测定太阳的温度

地球上得到的热能，仅仅是太阳总辐射的很小的一部分。太阳每秒钟向空间辐射的总能量大约有3.8×10^{26}焦耳。如果将这个数字除以太阳的表面积，我们可以得到，太阳表面每平方厘米每秒钟辐射的能量大约为6000焦耳。

仅知道太阳表面的辐射量还不能决定太阳的温度，还须知道物体的总辐射和它的温度之间的关系。1879 年，奥地利物理学家斯特凡指出，物体的辐射与它的温度的 4 次方成正比。根据这一关系，以及测量得到的太阳辐射量，可以计算出太阳的表面温度约 6000℃。

太阳是金黄色的，考虑到地球大气层的吸收，与太阳的颜色相对应的温度也是 6000℃ 左右。

应当指出，我们通常所说的太阳温度都是指太阳表面光球层的温度。至于太阳的中心，温度更高，大约有 2000 万摄氏度。

拓展阅读

焦 耳

焦耳（简称焦，英文缩写为 J）是能量和机械功的衍生单位。在经典力学里，1 焦耳等于施加 1 牛顿作用力经过 1 米距离所需的能量。在电磁学里，1 焦耳等于将 1 安培电流通过 1 欧姆电阻 1 秒时间所需的能量。焦耳是因纪念物理学家詹姆斯·焦耳而命名。

$$1\ \mathrm{J} = 1\ \mathrm{N} \cdot \mathrm{m} = \left(\frac{\mathrm{kg} \cdot \mathrm{m}}{\mathrm{s}^2}\right) \cdot \mathrm{m} = \frac{\mathrm{kg} \cdot \mathrm{m}}{\mathrm{s}^2}$$

$$= \mathrm{Pa} \cdot \mathrm{m}^3 = 1\ \mathrm{W} \cdot \mathrm{s}$$

太阳风是怎么回事

太阳风的名称是 20 世纪 50 年代提出来的。关于它的可能存在，好几百年前就有人这么想了，直接证据就是彗星的尾巴。

在任何时候和任何情况下，彗星的尾巴总是背着太阳。换句话说，在彗星接近太阳时，好像是彗头在前拉着彗尾一起前进；在彗星离开太阳时，好像是彗尾在前拉着彗头一起离开太阳。彗尾总是冲着与太阳相反的方向延伸，根据这一现象，许多人相信，一定是太阳上在“吹风”，将彗尾

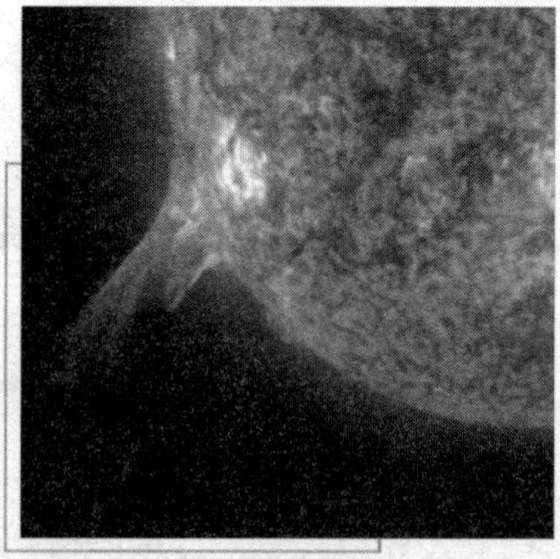

太阳风

“吹”向背离太阳的方向。人们还进一步推测，太阳风是从太阳上辐射出的带电粒子。

20 世纪 50 年代末，美国天文学家帕克正确地描述了来自太阳的这股“风”。他认为，太阳大气的最外层——日冕没有明确的边界，而是处于持续不断的膨胀状态，使得高温低密度的粒子流，高速而稳定地“吹”向四面八方。

什么是太阳黑子

黑子实际上是太阳表面上的风暴，是巨大的漩涡状气流。一个发展完全的黑子，有个较暗的近似圆形的中央核，叫“本影”；它的外面绕着一圈较亮的纤维状的影子，叫“半影”。

黑子其实并不黑，温度在 4500℃左右，比沸腾的钢水还要热得多。因为它比周围 6000℃的高温低了 1500℃左右，相比之下，看起来就像是黑色的斑点。小黑子的直径在 1000 千米上下；大黑子特别是黑子群，直径可达 10 万千米以上。

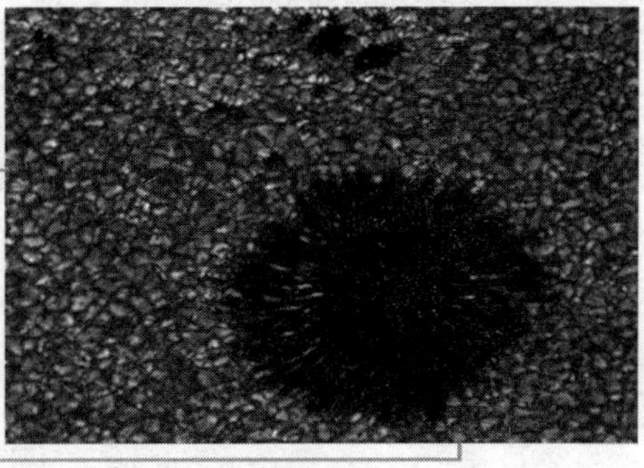

太阳黑子

太阳黑子还有一个明显的特征，就是黑子在日面上的分布绝大多数出现在太阳赤道两侧 8°～35°的范围内。

日斑是什么

1610 年发明望远镜时，伽利略是第一个从望远镜中看到日斑的天文学家。

日斑就是我们常听人说的太阳黑子。伽利略说，日斑从望远镜中看，很像日轮上的黑洞。

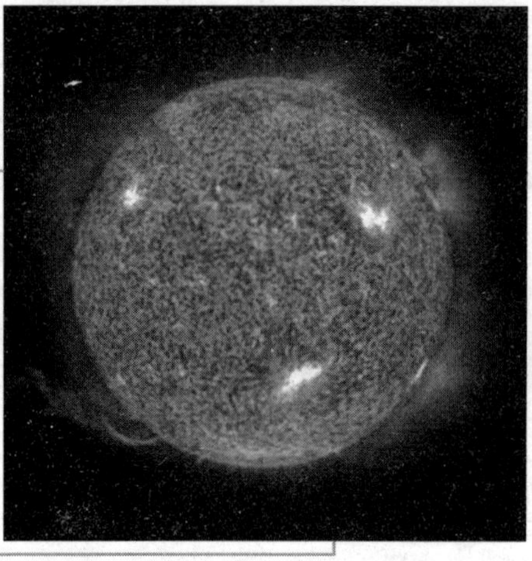
日斑

在任何一个晴朗的白天，都可以看到日斑。日斑有大有小，有些小的像太阳表面的小污点；有些相当大，长约 15 万千米，宽约 20 万千米。经测量，有些日斑群长达 32 万千米。

有些天文学家断定这些日斑是天然的电，这些电必然会产生效应。有一位天文学家表示，日斑是从太阳内部的 V 形隧道两端喷出来的带电物质。日斑也可以说是电能的放射，把负电子的光射入太空，有些电子进入地球的大气层，而产生电效应。

大部分的日斑持续几天就消失了，但也有些可以持续到两个月，甚至两个月以上。日斑数量上的增减是有周期性的，大约 111 年循环一次。现在我们已经有了 100 多年的日斑记录，我们将继续研究，看日斑对我们还有什么影响。

趣味点击

伽利略

伽利略·伽利莱（1564 年 2 月 15 日～1642 年 1 月 8 日），意大利物理学家、数学家、天文学家及哲学家，科学革命中的重要人物。其成就包括改进望远镜和其所带来的天文观测，以及支持哥白尼的日心说。伽利略被誉为“现代观测天文学之父”、“现代物理学之父”、“科学之父”及“现代科学之父”。史蒂芬·霍金说：“自然科学的诞生要归功于伽利略，他这方面的功劳大概无人能及。”

什么是日冕

你一定听说过“太阳明天又会升起”这句话。太阳落下去又会升起这是最确切、最可靠的。不管你看不看，太阳总是在那里发射着千古不变的光辉。

太阳对人类的益处太多了，真是说也说不尽。太阳是一颗本体发光的星球，那么太阳能是从哪里来的呢？科学家认为在太阳的内部有极热的氢原子，这些热氢原子结合而形成了氦。当氢因高温而形成氦以后，便向太阳的表面放出能。这种能的释放非常稳定，所以历经千百万年不衰。

假如我们仔细研究太阳，就会得到肯定的答案。第一，太阳并不像地球一样是个固体，起码太阳的表面不是固体。实际上，太阳表面在以不同速度循环，在太阳的赤道是 25 天，两极是 34 天。

日冕

太阳的外层我们称为“日冕”，是由光和气体物质组成的。日冕的外部是白色，有一种波流，从太阳的边缘伸展到几百万千米以外，就是这些波流形成了阳光的差别。

太阳的另一个外层称为“彩球”，也叫光焰层。它大约有 15 万千米厚，由大量的氢和氦气构成。从彩球上凸出的大块云状物，称为“太阳的红焰”，这种红焰高达 1609300 千米。这也是形成阳光不稳定的部分原因。

太阳系中还有第九颗大行星吗

我们知道太阳系有八大行星。可是长期以来，天文学家都被这样一个问题所困扰，那就是：天王星和海王星的实际运行轨道与计算出的轨道位置不相符。虽然，后来人们又在海王星之外发现了冥王星，但冥王星的质量实在太小，不可能由它来解释天王星和海王星的运行轨道问题。一些天文学家由此相信，是否还存在太阳系的第九颗大行星。

有人计算了从1835年倒推到公元295年这1500多年间哈雷彗星的运行轨道，结果发现，彗星经过轨道近日点的实际日期与理论计算值之间有明显差异。1835年的那次，实际日期就比理论推算出的日期推迟了3天；之后1910年回归时，又推迟了3天。科学家们发现，哈雷彗星过近日点的日期，似乎是以500年为周期而变化的。对此做出的一种解释是：当彗星运行到其轨道远日点附近的太阳系空间时，受到了某种未知天体的摄动影响，而这个未知天体很可能就是我们正在寻找的那颗冥外行星，这颗未知新行星的绕日公转周期约500年。

1950年，有人在计算遥远彗星运动轨道时，认为在冥王星以外应该有一颗大行星，这颗大行星与太阳的距离是77天文单位。可惜的是，天文学家们用望远镜在遥远的天空搜索了几年，也没有找到这颗大行星的踪迹。

太阳系中究竟有没有第九颗大行星，今天，谁也无法肯定地下结论。

太阳系中哪些行星有自己的卫星

月球，是地球唯一的天然卫星，是人类早已认识到的天体。那么，太阳系的其他行星有没有自己的卫星呢？有关这方面的观测研究从17世纪初才开始。

1610年1月，意大利科学家伽利略首次用自制的望远镜观测木星时，发现了木星的4颗卫星。从那时到19世纪末，科学家发现太阳系的6颗大行星总共带有21颗卫星。

到1998年底，卫星家族的“成员”已扩展到了66颗，也就是：地球有1颗卫星，火星有2颗，木星有16颗，土星有18颗，天王星有20颗，海王星有8颗，冥王星有1颗。只有金星和水星至今没有发现拥有自己的卫星。

大行星拥有卫星已是司空见惯，但在1978年，天文学家惊讶地发现，一颗名“大力神”的小行星也有自己的卫星。这颗小行星个头不算很大，直径只有243千米，它的卫星的直径被测定为45.6千米，是小行星直径的19%，两者之间的距离为977千米。

也是在1978年，直径135千米的“梅菠蔓”小行星周围，也发现了卫星，卫星的直径达37千米。

小行星卫星接二连三地被发现，促使科学家们又重新查看起那些已束之高阁的观测资料，看看能不能找到有关小行星卫星的蛛丝马迹。

现在，已证实拥有卫星的小行星不下数十颗。有人甚至还认为，某些小行星有1颗以上的卫星。

怎么知道太阳系不处于银河系的中心

推出太阳系并不在银河系中心的是美国天文学家沙普利。1918年，他利用威尔逊天文台2.5米口径反射望远镜，研究当时已知的大约100个球状星团。统计结果显示，有三分之一的球状星团集中分布于人马座方向，90%以上坐落在以人马座为中心的半个天球上。如果太阳位于银河系中心，这些球状星团在银河系内是对称分布的，则从地球上来看，球状星团在天空中也应该呈球对称分布，这与观测结果是矛盾的。沙普利由此推想，是否还有另一种可能，即太阳系并不在银河系中心，这样，地球天空上的球状星团就不是球对称分布了。经过多年的观测和研究，沙普利最终建立了银河系的透镜形结构模型，正确地得出太阳系不在银河系中心的结论，银河系的中心应在人马座方向，太阳系则位于较靠近银河系边缘的地方。

地球是怎样绕太阳公转的

公元1543年，波兰天文学家哥白尼在他的伟大著作《天体运行论》中，论证了不是太阳绕地球运动，而是地球绕太阳运动，这就是地球的公转，地球绕太阳转一圈的时间就是1年。

根据万有引力公式计算，地球与太阳之间的吸引力约为 3.5×10^{21} 牛顿。地球绕太阳做圆周运动的速度达到30千米/秒，由此产生的惯性离心力与太阳对地球的引力平衡，使地球不会掉向太阳，而是一直绕太阳公转。

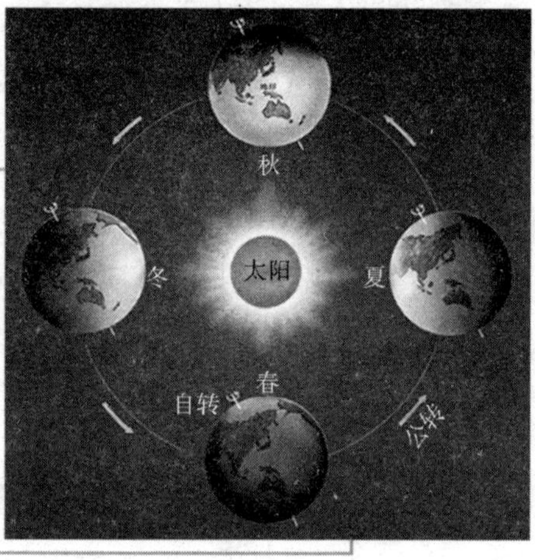

地球公转示意图

事实上，地球的轨道不是圆形，而是椭圆形的。每年1月初，地球经过轨道上离太阳最近的地点，天文学上称为近日点，这时地球距离太阳14710万千米；而在7月初，地球经过轨道上离太阳最远的地点，天文学上称为远日点，地球距离太阳15210万千米。根据这个道理，1月份我们看到的太阳，要比7月份稍大一些。但是，地球的轨道是一个非常接近于圆的椭圆，所以这种差别实际上极不明显，肉眼是没法看出来的，只有通过精密的测量才能发现。

地球绕轴自转是怎么回事

地球为什么会绕轴自转？地球为什么会绕太阳公转呢？这是多年来一直令科学家十分感兴趣的问题。

我们知道，要测量一个直线运动的物体运动快慢，可以用速度来表示，那么物体的旋转状况又用什么来衡量呢？一种办法就是用“角动量”。对于一个绕定点转动的物体而言，它的角动量等于质量乘以速度，再乘以该物体与定点的距离。物理学上有一条很重要的角动量守恒定律，它是说：一个转动物体，如果不受外力矩作用，它的角动量就不会因物体形状的变化而变化。

形成太阳系的原始星云原来就带有角动量，在形成太阳和行星系统之后，它的角动量不会损失，但必然发生重新分布，各个星体在漫长的积聚物质的过程中分别从原始星云中得到了一定的角动量。由于角动量守恒，各行星在收缩过程中转速也将越来越快。地球也不例外，它所获得的角动量主要分配在地球绕太阳的公转、地月系统的相互绕转和地球的自转中。这就是地球自转的由来。

为什么我们感觉不到地球在运动

在赤道上，物体随地球自转的运动速度达 465 米/秒，一天约移动了 4 万千米。地球绕太阳公转的运动速度更快，每秒就要跑 30 千米。可是，为什么我们一点也感觉不到地球在运动呢？

地球这艘“大船”在宇宙空间航行的时候，只有远处的星星，可以帮我们看出一点运动的迹象。但星星离我们实在太远了，短时间里很难察觉出它们在移动。而我们周围的一切事物，正和我们自己一样，随着地球一起运动，所以我们感觉不到地球在不停地转动。但不要忘记，我们每天看到太阳、月亮、星星的东升西落，就是地球自转的结果。至于地

拓展阅读

动　量

在物理学中，动量是与物体的质量和速度相关的物理量。在经典力学中，动量（国际单位制中的单位为 kg · m/s）表示为物体的质量和速度的乘积。一般而言，一个物体的动量指的是这个物体在它运动方向上保持运动的趋势。动量实际上是牛顿第一定律的一个推论。动量是一个守恒量，这表示为在一个封闭系统内动量的总和不可改变。

球公转，我们可以通过观测天空中星星位置的变化来证明这一点。如果我们每天夜晚在同一时刻观测天空，就会发现，天空中星座的位置正一天一天地由东向西移动。原来出现在西边的星座，渐渐地下沉，看不见了；而东边又会升起一些原先看不见的星座。1 年过去后，你就会发现，天空中又出现了你开始观测时所见到的星座。这就表明：地球已经环绕太阳整整转过 1 圈了。

知识小链接

公　转

公转是一件物体以另一件物体为中心，沿一定轨道所做的循环运动；所沿着的轨道可以为圆、椭圆、双曲线或抛物线。在天文学上，一般用来形容行星环绕恒星、卫星环绕行星、太阳系环绕银河系以及更大规模的天体间环绕的运动。在不同的参照系中，公转在不同的视角下，会出现两种公转方向。一种为逆时针方向，一种为顺时针方向。

地球的自转为什么不是匀速的

长期以来，人们一直以为地球均匀不变地绕着自转轴旋转，大约每 23 小时 56 分旋转 1 周。

实际上，地球并不是那么老老实实地按照均匀速度自转，在 1 年内，它有时快，有时慢。

地球的自转运动不仅在一年中是不均匀的，在许多世纪的过程中也是不均匀的。在最近 2000 年来，每过 100 年，1 昼夜就要加长 0.001 秒。而且，每过几十年，地球还会来一个“跳动”，有几年转得快，有几年又转得慢。到底是什么原因导致地球这种行为呢？

科学家孜孜不倦地找寻原因，现在答案已逐步明朗：南极的巨大冰川，现在正在慢慢融化，这就意味着南极大陆的冰块在减少，南极大陆的质量在减轻。正是地球质量分布的变化影响了地球的自转速度。

月亮能引起地球上海水的涨落，这种涨落是和地球旋转的方向相反的，这样就使地球的自转速度逐渐变慢。

每年冬天，风从海洋吹到大陆上，夏天风又从大陆吹回海洋，这些流动空气的质量大得难以相信，竟有300万亿吨！这么大质量的空气，从一处移到另一处，过一阵，又从另一处移回来，这就使地球的重心起了变化，结果旋转速度也就时快时慢。

地球自转速度还与海洋洋流、地壳板块运动、地核物质的重新分布等原因有关，它们都或大或小地影响了地球的自转速度。因此，影响地球自转速度变化的原因很复杂，这已经成为天文学的一个重要研究课题。

知识小链接

洋 流

洋流又称海流。海洋中除了由引潮力引起的潮汐运动外，海水还沿一定途径的大规模流动。引起海流运动的因素可以是风，也可以是热盐效应造成的海水密度分布的不均匀性。前者表现为作用于海面的风应力，后者表现为海水中的水平压强梯度力。加上地转偏向力的作用，便造成海水既有水平流动，又有铅直流动。由于海岸和海底的阻挡和摩擦作用，海流在近海岸和接近海底处的表现，和在开阔海洋上有很大的差别。

行星自转的情况是怎样的

让我们逐个看一下太阳系每颗行星的情况如何。

水星绕行太阳一周需要88个地球日。今天的科学已经证明，水星每58.65天自转一周，也就是说，水星的1个太阳日大约是地球的180天。

金星每243个地球日绕日转一周。火星的自转速度和地球几乎相等。由于它的轴心倾斜着，所以它也像地球一样有季节之分。

木星是最大的行星，转得很快。它只要10小时又2分钟就自转1周。

天王星的自转很特殊，可以说它是侧卧着。

海王星与冥王星是比较远的星球，我们知道得比较少。根据推测，这两颗星球也在自转。海王星自转一周约165个地球日。而冥王星大约要249个地球日。

距离地球最近的是什么星座

有时候我们可以测量某些东西，然而却不明白测量的真正意义。当我们想知道宇宙间的距离时，我们可以测量，但是我们却想不到测量出的数字是多么的大。

测量宇宙之间的距离是用一个特别的距离单位，我们称之为“光年”。简单地说，光年就是光在一年内行进的距离。光每秒钟可以行进30万千米，一年行进约94605亿千米。

人马星座

距离我们最近的是人马星座，大概有4.25光年的距离，这颗星在南半球可以看到。在北半球能看到的星球之中，距离我们最近的是天狼星，有8光年。

用肉跟能看到的星球中，最远的有80万光年。用望远镜能看到的最远的星球，要比肉眼能看到的远几千倍。性能良好的天文望远镜，可以看到60亿兆千米以外的星球。从那些星球发出来的光，要经过10亿年才会照到地球上。

地球上的日期是怎样计算的

当北京刚过午夜12点钟，新的一天又开始了。可是在北京以西的地方，像英国的伦敦却还是前一天下午4点钟；而在北京以东的地方，像千岛群岛已经快要黎明了。这是因为地球是一个旋转的圆球，太阳的东升西落，使午夜、黎明、中午不停地、周而复始地在地球上各地循环，每个地方都有当地的时间。那么，地球上的“今天”到底从哪里开始，“昨天”又是到哪里结束呢？

这个区分“今天”和“昨天”的地方是有的，它叫作国际日期变更线。你可以在世界地图上找到这一条线，但地面上是没有这条界线的，它是天文学家们所规定的一条假想的线。这条界线从北极开始，经过白令海峡，然后穿过太平洋一直到南极为止。这条国际日期变更线，在地球上180°经线附近，它并不是完全直的，而有些弯曲，为的是避开岛屿，不给太平洋有些岛上居民生活带来麻烦。地球上年、月、日的起算，都从这条界线上开始。它是地球上每一个新日期的出发站，同时也是终点站。日子从这里“诞生”出来以后，就开始它的“环球旅行”，它向西环绕地球一周，又重新回到诞生的地方，当再度越过这条界线时，新的一天又开始了。

拓展思考

国际日期变更线

国际日期变更线即日界线，或国际换日线，为了解决日期紊乱问题，大体以180°经线为日界线；由于照顾行政区域的统一，日界线并不完全沿180°的子午线划分，而是绕过一些岛屿和海峡：由北往南通过白令海峡和阿留申、萨摩亚、斐济、汤加等群岛到达新西兰的东边。须注意的是，由东向西越过此线，日期需加一天；由西向东越过此线，日期需减一天。

知识小链接

白令海峡

白令海峡位于亚洲最东点的迭日涅夫角和美洲最西点的威尔士王子角之间，西经169°0′，北纬65°30′，约85千米宽，深度在30～50米之间。这个海峡连接了楚科奇海（北冰洋的一部分）和白令海（太平洋的一部分）。它的名字来自俄国航海家维他斯·白令，他在1728年俄国军队任职时候穿过白令海峡，是第一个穿过北极圈和南极圈的人。

为什么地球表面不像月球那样奇冷奇热

在地球上测到的最高气温是东非索马里半岛的柏培拉附近沙漠，温度为63℃，表层沙子的温度可达80℃左右。地球上测到的最低气温是在南极洲极点附近记录到的－94.5℃，这样的低温很难有生命存在。地球上极端最高最低气温相差157.5℃。

在月球上，朝向太阳的一面，温度会很快上升到140℃以上；背向太阳的一面，温度又很快下降到－140℃以下，温差近300℃，是地球日温差的近10倍。

地球与月球距离太阳几乎一样，单位面积上接收太阳的热能也几乎一样，为什么温差会如此不一样呢？归根到底是因为地球有广阔的大海和厚厚的大气。

月亮为什么会发生圆缺变化

月亮圆缺的变化，是由于月亮绕着地球运动，它本身又不发光而反射太阳光的结果。

我们知道，月亮在绕地球运动的过程中，它和太阳、地球的相对位置不断发生变化。当它转到地球和太阳中间的时候，月亮正对着地球的那一面，一点也照不到太阳光，这时，我们就看不见它，这就是新月，叫做朔。

新月以后两三天，月亮沿着轨道慢慢地转过一个角度，它向着地球一面的边缘部分，逐渐被太阳光照亮，于是我们在天空中就看到一钩弯弯的月牙了。

这以后，月亮继续绕着地球旋转，它向着地球的这一面，照到太阳光部分一天比一天地多，于是，弯弯的月牙也就一天比一天“胖”了起来。等到第七八天，月亮向着地球的这一面，有一半照到了太阳光，于是我们在晚上就看到半个月亮，这就是上弦月。

上弦月以后，月亮逐渐转到和太阳相对的一面去，这时它向着地球的这一面，越来越多地照到了太阳光，因此我们看到的月亮，也就一天比一天圆起来。等到月亮完全走到和太阳相对的一面时，也就是月亮向着地球的这一面全部照到太阳光的时候，我们就看到一个滚圆的月亮，这就是满月，叫作望。

月相变化

满月以后，月亮向着地球的这一面，又有一部分慢慢地照不到太阳光了，于是我们看到月亮又开始渐渐地变“瘦”。满月以后七八天，在天空中又只能看到半个月亮了，这就是下弦月。

下弦月以后，月亮继续“瘦”下去。过了四五天，又只剩下弯弯的一钩了。之后，月亮慢慢地变得完全看不见，新月时期又开始了。

月亮为什么老是以同一面朝着地球

从地球上看月亮，只能看到它的一面，它的另一面像是怕羞似的，老是“藏”着不让我们看到。

月亮为什么永远以同一面朝着地球，而另一面从来不转过来呢？

这是因为月亮一方面绕地球公转，一方面在自转，而它自转一周的时间，正好和它绕地球公转一周的时间相同，都是 27.3 天。所以，当月亮绕地球转过一个角度，它也正好自己旋转了相同的角度，如果月亮绕地球转了 360°，它也正好自转了一圈，永远是一面朝着地球，另一面背着地球。

因为月球沿着椭圆形轨道绕地球运动，公转速度不像自转速度那么均匀，它的自转轴又不垂直于公转运动轨道面，因此我们有时能够看见月亮背面的一小部分。这样算起来，我们可以看到的月亮部分，大约是月球表面的 59%。

为什么月亮上有那么多环形山

用望远镜观测月球表面，除了看见有大片平原和一些高山以外，还可以看到月球表面上有许许多多大大小小的圆圈。这每一个圆圈就是月亮上的一座环形山。在我们所能观测到的半球上，直径在 1 千米以上的环形山约有 30 万座以上。有一座叫贝利的环形山，直径有 295 千米，可以把整个海南岛放在里面。月球背面的环形山更多。

月球环形山

对于月亮上环形山的形成原因，现在有两种解释：一种认为，环形山是由于陨星撞击月球表面而形成的。

月亮上没有空气，陨星可以直接撞击月面，撞击爆发出来的物质堆积成为圆形的环形山。一部分飞溅得特别远的，撒落在月面上便形成以蚧彤山为中心向四方伸展达几千千米的“辐射纹”。

另外一种解释认为，月球在历史上发生过猛烈的火山爆发，环形山就是喷射出来的物质凝结而成的。由于月面重力只有地球的六分之一，所以火山喷发的规模大，往往形成巨大的环形山。

月球是从地球上分裂出去的吗

对月球是如何形成的，有三种不同的假说。1898 年，英国天文学家乔治·达尔文提出一种假说：月球是从地球上分裂出去的。他认为，在太阳系形成初期，地球还处于熔融状态时，地球曾经快速自转，自转产生的巨大离心力把地球赤道区的一部分物质甩了出去，被甩出去的物质后来就形成了月球，在地球上留下的“伤疤”就是太平洋。根据计算，如果把月球物质回填到太平洋中刚好填满。观测还发现，月球每年都远离地球 3 厘米，由此断定，在遥远的过去月球可能离地球很近，甚至是同一天体。不过这一理论也遇到许多困难。例如，月球轨道面并不在地球赤道面内，而是有不小的倾角。这是和由赤道甩出去的理论相矛盾的。此外，理论计算表明，地球在 46 亿年前自转速率并没有快到足以把地球物质甩出去的程度。

有些科学家提出另外一种看法，认为月球是一个小行星，

拓展阅读

太平洋

太平洋，是地球上五大洋中面积最大的洋，面积 1 亿 5555 万 7 千平方公里，而在南冰洋成立前，原面积 1 亿 8130 万平方公里，它从北极一直延伸至南极，其西面为亚洲、大洋洲，东面为美洲，覆盖着地球约 46% 的水面及约 32% 的总面积，比地球上所有陆地面积加起来还要大。赤道将太平洋分为北太平洋及南太平洋。北面连接白令海峡，南面则以南纬 60° 为界，与南冰洋相连。

但是有一次它运行到地球附近，被地球的吸引力俘获，从此就成为地球的卫星了。水星、金星、地球、火星这四个相类似的行星中，只有地球拥有像月球这样的大卫星，这一事实很有利于这一假说。不过，最近又有美国和澳大利亚的科学家提出一种新的月球起源假说。看来，月球如何起源的问题还没最后解决。

基本小知识

天文学

天文学是观察和研究宇宙间天体的学科，它研究天体的分布、运动、位置、状态、结构、组成、性质及起源和演化，是自然科学中的一门基础学科。天文学与其他自然科学的一个显著不同之处在于，天文学的实验方法是观测，通过观测来收集天体的各种信息。因而对观测方法和观测手段的研究，是天文学家努力研究的一个方向。在古代，天文学还与历法的制定有不可分割的关系。现代天文学已经发展成为观测全电磁波段的科学。

月球上曾经有过人类吗

如果我们在一个明朗的夜晚观察月亮，它留给我们一张似是而非的面孔。在太空旅行时代到来之前，许多科幻作家都描述过与我们相邻的奇怪生物。美国作家威尔斯曾写过一篇非常著名的小说，题名为“月亮上的第一批人类”。在小说中，他讲述了形体似蚂蚁样的生物，他称之为“透明石膏人”。他们居住在月亮上的山口或洞穴中。这些“人”很脆弱，用拳头轻轻一击就会破碎。

目前，太空探测和人类在月球着陆的成功已经为我们提供了月球的起源和历史演变的新线索。我们已经知道，当月球诞生时，由于它太小（只有地球引力的六分之一）而不能留住大气或任何更轻的、像水一样的生命所需的物质。这就意味着月球过去是而且永远是一个干燥、贫瘠而没有任何生命存在的不毛之地。因而，我们可以知道月球上绝不会有人存在。

月球上有没有活火山

大约41亿年前，月球发生了第一次大规模的火山活动。大量岩浆的喷发，还引起了广泛的构造活动，形成了月面上最大的山脉——长1000多千米、高3～4千米的亚平宁山脉和一些陷落盆地。以后岩浆活动便逐渐减弱，一直到39亿年前左右，月球又发生了一次巨大的变动。

那么，月球现在还有没有活火山呢？应该说，根据人类对月球的多次宇航探测，至今没有发现月球有现代活火山活动的证据。不过，自1787年以来，人们已屡次观测到月面上时而会骤然出现神秘的闪光，闪光一般持续20分钟左右，有的也可延续几小时。据统计，200多年来已观测到这种闪光上千次。闪光究竟是怎样形成的呢？人们至今仍议论纷纷，莫衷一是。其中有一些人认为，它可能是月面上喷气活动的反映，是喷气中尘埃粒子反射太阳光的结果。如果这一观点是正确的，那就说明月球上的火山活动还没有完全停息，虽然没有岩浆的喷溢，但与火山有关的喷气还在时而发生。

月球上有空气和水吗

1969年7月21日，阿波罗2号宇宙飞船载着航天员第一次登上了神秘的月球，实现了人类的登月之梦。航天员在月球表面拍摄了1.5万张照片，带回了380千克的月岩及月壤的样品。探索结果不仅击碎了美丽的神话，还发现月球上面既没有水也没有空气，白天酷热，夜晚奇冷，没有花草树木，更没有飞禽走兽，是一个寂静、荒芜的世界。在月球上，由于没有空气，声音也无法传播，航天

广角镜

无线电波

无线电波或射频波是指在自由空间（包括空气和真空）传播的电磁波，其频率300GHz以下。无线电技术是通过无线电波传播信号的技术。在天文学上，无线电波被称为射电波，简称射电。

员只有利用无线电波才能进行通话。

令人高兴的是，1998 年初，美国月球探索者号飞船，在对月球做进一步探测时发现，在月球的南北极，终年照不到阳光的环形坑内的土壤中，存在着大量的水冰。根据初步估计，这些水冰可能多达 100 亿吨。这个发现，为人类进一步开发月球提供了必要的保证。因为，未来的月球居民可以从水冰来获得必要的水源，并可以把水分解成氢气和氧气，从而得到人类和动植物呼吸所需要的空气。看来，到月球上去生活并非仅仅是幻想。

月球上有“海洋”和“陆地”吗

17 世纪初，意大利科学家伽利略第一次用自制的望远镜指向月亮时，他没有看到美丽的嫦娥，却发现月亮上坑坑洼洼、凹凸不平。伽利略认为，那些凸起的明亮的部分一定是高山和陆地，称为“月陆”；而那些凹下去的暗浅的部分一定是海洋，称为“月海”。伽利略还给这些“海洋”取了名字，如云海、湿海、雨海、风暴洋等等。

这么说来，月球上真的有“陆地”和“海洋”？

随着天文观测技术的进步，特别是宇航探测技术的发展，人们又进一步发现，月亮上明亮的部分确实是高地、山峰和环形山等，但暗淡的部分却并

趣味点击

阿波罗 11 号

阿波罗 11 号（Apollo 11）是美国国家航空航天局的阿波罗计划中的第五次载人任务，是人类第一次登月任务，三位执行此任务的宇航员分别为指令长阿姆斯特朗、指令舱驾驶员迈克尔·科林斯与登月舱驾驶员巴兹·奥尔德林。1969 年 7 月 20 日，阿姆斯特朗与奥尔德林成为了首次踏上月球的人类，而阿波罗 11 号登陆月球一事更进一步成为纪录片和广告常见之历史事件。

非是海洋，里面根本没有水，只是些低洼而广阔的大平原而已。尽管如此，“月海”这个并不确切的名称一直沿用到现在。

月海

由于月海一般都比月陆低 2000 ~ 3000 米（最深的地方要低 6000 米），再加上月陆部分主要是由浅色的岩石组成，而月海部分主要由暗色的熔岩物质组成，所以，月陆部分反射太阳光的本领强，看上去较明亮；而月海部分反射太阳光的本领弱，看上去就暗淡一些。

月亮是在逐渐远离地球吗

200 多年前，天文学家就根据日月食的资料发现月亮绕地球旋转的轨道在逐渐变大，也就是说月亮在慢慢地远离地球。现代的精密观测证实了这个观点，并且计算出，近年来月亮正以每年 3 厘米的速度在远离地球！

是什么原因使月亮逐渐远离地球的呢？原来是月亮的潮汐作用在作怪。月亮的引力在地球表面海洋上引起了潮汐，潮汐的传播方向与地球自转方向相反，它与洋底的摩擦使地球自转速度变慢。当然，这是一个非常小的量。“地 - 月系统”要保持角动量平衡，地球自转减慢所损失的角动量就转移到月亮的轨道运动上去了。结果使月亮公转速度加快，随之离心力也加大，月亮就逐渐被推离地球。

人们也许要担心，月亮会不会逃离地球，而不再与地球相伴？不会。因为如果一旦地球的自转速度减慢到与月亮绕地球的公转速度一致，此时，在海洋上潮汐的传播就会消失，促使地球自转变慢的这个因素将不复存在，月亮离地球的距离就再不会增加了。

什么是月掩星

月球是离地球最近的自然天体，从地球上看，月球在天空中是直径约为0.5°的天体，它自西向东运动，平均每天在天空中移动13°。当月球运行到地球和太阳之间，三者成一直线时，月球遮住了太阳，就发生日食；当月球遮住别的遥远的恒星时，就会发生月掩星。

早在几百年前，天文学家在观测月掩星时，发现被掩恒星瞬间消失，由此推断月球上没有大气。而通过现代的观测手段研究月掩星时，人们发现，被掩恒星的星光在月面附近会发生物理上的衍射现象，这种现象虽然只持续约0.05秒，但用快速光度计和计算机完全可以记录下来。研究星光的衍射图样可以测定被掩恒星的角直径，或者研究恒星周围的大气。因此，观测月掩星不仅是天文学家的工作，同时也是天文爱好者热衷的观测项目。

月掩星

月球除了掩恒星之外，还会掩它轨道附近的射电源、红外源和X射线源。通过这些观测可以获得这些辐射源的精细结构。20世纪50年代，天文学家曾根据对月掩金牛座强射电源的观测，而证实它是公元1054年超新星的遗迹。

月球也能掩行星，称为月掩行星；行星也能掩恒星，称为行星掩星。它们是比较少见的天象。

为什么会发生日食和月食

我们知道，月球围绕着地球旋转，同时，地球又带着月球绕太阳旋转。日食和月食就是由于这两种运动所产生的结果。当月球转到地球和太阳的中间，而且这三个天体处在一条直线或近于一条直线的情况下，月球挡住了太阳光，就发生了日食；当月球转到地球背着太阳的一面，而且这三个天体处在一条直线或近于一条直线的情况下，地球挡住了太阳光，就发生了月食。

发生日食时，月球遮住了太阳，会在地球上留下影子。站在地球上被月球本影所扫过的地方，就完全看不到太阳，这叫作日全食；而站在地球上被月球半影所扫过的地方，看到太阳被月球遮住了一部分，这叫作日偏食。有时，由于月球离地球的距离不同，发生日食时，月球的影子不到达地面，那么在被月影延长线所包围的区域内，人们还能看得见太阳的边缘，也就是说月球只遮住了太阳的中心部分，这种现象叫作日环食。日全食和日环食阶段前后还能看到日偏食。在更难得的情况下，一次日食过程中，由于月球到观测点距离的变化，有些地方可以看到日全食，有些地方可以看到日环食，这就称为全环食。

日偏食

发生月食时，当月亮部分进入地球的阴影（本影）时，这叫作月偏食；而当月亮全部进入地球阴影时，这就叫作月全食。

为什么日食和月食不是每月都发生

地球围绕太阳运行所在的平面叫黄道面，月球围绕地球运行并不在黄道面内，月球绕地球公转的轨道面和黄道面斜交，交角大约是5°。有时在某月的初一，月球虽然走到太阳和地球之间，但三个星球并不在同一平面内，月球或者在黄道面之上或者在黄道面之下，就是说，三个星球并不在一条直线上，这时月影扫不到地面，也就不会发生日食了。同样道理，在某个月的十五或十六，虽然地球在太阳和月球之间，但月球却不在黄道面内，也就不会走进地球影锥，因此也就不会发生月食了。

由此可见，日食必定发生在农历某月的初一，但并不是每月的初一都发生日食；月食必定发生在农历某月的十五或十六，但并不是每个月的十五或十六都能发生月食。

基本小知识

农　历

农历，又称农民历、夏历、阴历、旧历，是中国传统历法之一。农历属于一种阴阳历，平均历月等于一个朔望月，但设置闰月以使平均历年为一个回归年，设置二十四节气以反映季节的变化特征，所以又有阳历的成分。至今几乎全世界所有华人国家和地区及朝鲜、韩国和越南，仍使用阴历来推算传统节日，如春节、中秋节、端午节等节日。

月到中秋分外明吗

月亮在一个椭圆轨道上绕地球转动，因此，月亮与地球的距离有时远些，有时近些，在35.64万~40.67万千米之间变化着。中秋节时，月亮常常不是在离地球最近处，也就不会比其他月份的月亮更明亮了。实际上，中秋节晚上的月亮常常没有下一天十六晚上的月亮圆和亮。

那为什么人们觉得中秋节晚上的月亮分外明呢？这完全是主观感觉和多年来流传下来的风俗习惯造成的。春天天气还较冷，人们不常在室外观赏星星与月亮；夏天月亮较低，月光较少，而天空的星星又特别多，夜晚在户外乘凉时，主要观看银河和牛郎、织女星，以及在南方天空中天蝎座里那颗火红的“心宿二”；冬天虽然月光多，但天气寒冷，谁还愿意出外观赏星月呢？秋天不冷不热，秋高气爽，月亮就成为观赏的主要对象，怪不得人们总认为“月到中秋分外明”了。

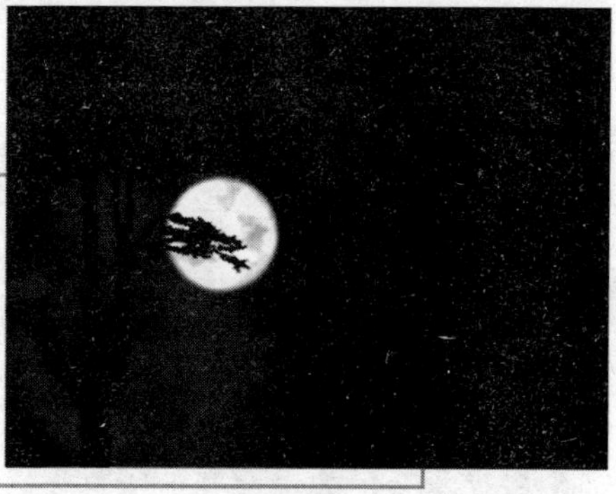

中秋月

什么原因导致金星表面温度特别高

金星离太阳比地球近 30%，它表面温度应该比地球高些，这是完全可以预料和理解的。可是，当科学家们通过观测发现金星表面温度竟高达 465 ~ 485℃的时候，也感到有点惊讶。

基本小知识

二氧化碳

二氧化碳是空气中常见的化合物，其分子式为 CO_2，由两个氧原子与一个碳原子通过共价键连接而成。空气中有微量的二氧化碳，约占 0.039%。二氧化碳略溶于水中，形成碳酸，碳酸是一种弱酸。

什么原因使得金星表面温度如此高呢？

现在已经知道，金星大气中二氧化碳的含量达到难以想象的程度，达 97% 以上。大气低层的二氧化碳含量还要高些，达 99%，几乎全是二氧化碳了。而我们地球表面附近的大气层中只含有约 0.03% 的二氧化碳，与金星比起来，实在太微不足道了。此外，金星大气中还有少量的氮、氩、一氧化碳、水蒸气等。

就在离金星表面30千米～40千米高空的大气层里，存在着很厚的浓云密雾。更加令人惊奇的是，这层浓云竟是由雾滴状的浓硫酸组成的。在地球上，硫酸是重要的化工产品，想不到它在金星上竟然是大量存在的天然产品。

金星大气可以反射约76%的太阳光，这使得金星在天空中显得特别明亮。其余24%的太阳光穿过金星大气，照射到金星地面。本来的情况应该是，照射到金星地面的24%太阳光中，有一部分会从地面返回太空，可是，金星大气层中浓密的二氧化碳却起了阻碍作用，就像给金星盖了一床大棉被。太阳辐射的热量在金星表面附近越积越多，温度也越来越高，达到了现在难以想象的程度，产生所谓的“温室效应”。

广角镜

黄　道

黄道是在一年当中太阳在天球上的视路径，看起来它在群星之间移动的路径，明显的也是行星在每年中所经过的路径。更明确地说，它是球状的表面(天球)与黄道平面的交集；以几何学来描述，它是包含地球环绕太阳运行的平均轨道平面。

知识小链接

硫　酸

硫酸，分子式为H_2SO_4，是一种无色黏稠高密度的强矿物酸，在任何浓度下与水都能混溶并且放热。其盐为硫酸盐。硫酸的应用很广而且具有很大的工业用途，其应用包括汽车铅酸蓄电池，肥料，炼油厂及化学合成剂。另外，很多酸性通渠水也含有高浓度硫酸。硫酸具有非常强的腐蚀性，因此在使用时应非常小心并穿戴保护手套和衣物。

为什么火星上会出现“大风暴”

火星是一颗明亮的红色行星，我国古代称之为“荧惑”。同地球一样，火星也有大气层，但不同的是，火星大气层很稀薄。当年，“海盗”号探测器的登陆器登临火星时，直接测量出火星表面的平均气压还不到地球海平面处大气压的百分之一。火星大气的主要成分是二氧化碳，占95.3%；其次是氮气，占2.7%。火星大气中水的含量只有地球大气中水含量的千分之一。火星上也有诸如云、风暴等大气现象。

火星上经常发生风暴，这主要是大气环流造成的。当火星表面的风速较大，达到50~100米/秒时，就会带起尘埃和沙粒，产生尘暴。尘暴是火星大气特有的现象。典型尘暴中的微粒绝大部分直径在10微米左右，一些更小的微粒可以被风吹到50千米的高空。尘暴的起因可能与太阳对大气的加热有关。大气受热后，因温差引起不稳定，而扬起尘埃。尘埃到达空中，可以吸收更多的热量，使热气流迅速上升。这时，冷空气过来填补它的位置，使风力加强，尘暴的范围变广。在一些风速较大的地区，如靠近极冠的区域（这里温差较大）及高地区域，更加容易发生尘暴。

火星上有生命吗

到目前为止，先后有20多艘空间探测器对火星进行了探测。其中，1976年7月和9月，美国的“海盗1号”和“海盗2号”的登陆器还在火星表面软着陆。探测结果表明，火星大气很稀疏，不及地球海平面大气压的千分之一，主要成分是二氧化碳（约占95.3%）。极冠主要由干冰和水冰组成。火星上的细条纹也不是什么“运河”，而是干涸的河床，在古代可能曾有液态水流过。为探索火星生命之谜，“海盗”号探测器还进行了一系列生物探测实验，结果却令人失望，整个火星没有发现生命活动的痕迹。

1997年7月，美国“探路者号”探测器携带一辆名叫“漫游者”的六轮小跑车，在火星表面进行探测，结果证实了当初“海盗号”探测器的结论，这次火星探测也没有发现任何生命迹象，但这并不排除过去曾有生命的可能。在不久的将来，美国将送航天员去火星，这可能有助于进一步揭开火星生命之谜。

为什么火星看上去是红色的

火星，似火一般在夜空发出火红色的光芒。从望远镜中看去，火星宛若一团燃烧的火球。这一现象曾一直使古人迷惑难解。

那么，火星为什么会呈火红色呢？

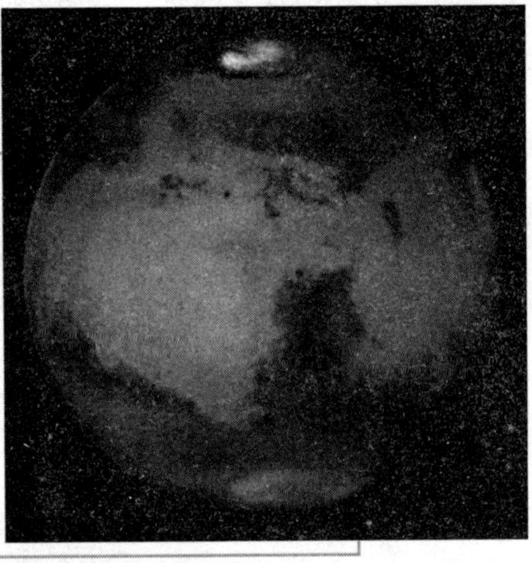

火　星

大家知道，火星是太阳系八大行星之一，行星是不会发光的，我们所看到火星火红的颜色是它反射太阳光的结果。

据研究，火星表面的岩石含有较多的铁质。当这些岩石受到风化作用而成为沙尘时，其中的铁质也被氧化成为红色的氧化铁。由于火星表面非常干燥，没有液态水的存在，这使火星上的沙尘极易在风的驱动下到处飞扬，甚至发展成覆盖全球的尘暴。1971年，当“水手9号”空间探测器飞临火星上空时，就曾观测到一次巨大的尘暴，尘暴先是从南半球开始，然后扩展到北半球，把整个行星都笼罩在尘埃之中。尘暴持续了几个月之久，大气中的沙尘才逐渐沉落，使火星表面恢复原来的状况。正是这种反复发作的尘暴，使火星表面几乎到处都覆盖着厚厚的氧化铁沙尘，结果火星表面便呈现出红色的面貌。在太阳光的照射下，火星在夜空中荧荧似火，发出火红色的光芒。

火星上有运河吗

1877 年，天文观测技术已有了较大的进步。这一年也正是火星最接近地球所谓“大冲”的时候，意大利天文学家斯基帕雷利想利用这个机会画一张火星地图。结果他发现，火星上有一片片颜色较暗的区域，像是海，还有一条条暗线，好像从这个海通向另一个海，或是相互汇合成一条。这是什么？难道是河流？但河流不会从一个海通向另一个海。于是斯基帕雷利大胆猜测，说它是火星上智慧生物开凿出来的“运河”。

那么火星上是否真的有“运河”呢？随着天文观测技术的发展，高分辨率望远镜的使用，人们终于发现那些被称为“运河”的暗带，实际上是由许多大小不一、各个独立的陨星坑组成的。在分辨率不高的情况下，由于人们的视觉错误，才把它们连成了一线。正由于它们不是实际存在的线，而是由点连接而成的，所以不同的观测者才会凭各人主观的视觉差异，画出不同的线条。

火星运河

近代，人类又发射了空间探测器，对火星进行更进一步的观测和研究。探测器从火星上空近距离拍摄了大量火星照片，科学家通过对这些照片的分析和研究，彻底否定了火星运河的存在。

为什么说海王星是在数学家的笔尖下发现的

天王星被发现后，人们都想一睹为快，掀起了一股观测天王星的热潮。时隔不久，天文学家就发现，地球的这位“新兄弟”是一个性格很别扭的行星，别的大行星都准确地遵循着由牛顿万有引力定律推算出的轨道绕太阳运

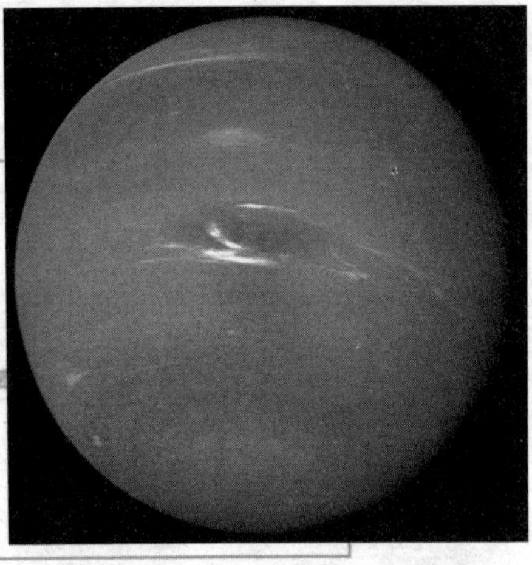

海王星

行，唯有天王星显得有点不安分，时时会有“越轨”的现象。天文学家设想，在天王星的外面，一定还有一颗未被发现的行星，正是这颗尚未露面的行星的引力，“扰乱”了天王星的轨道。

1845 年 10 月，26 岁的英国剑桥大学学生亚当斯，经过整整两年艰苦的运算，首先得到结果，算出了那颗未知行星的空间轨迹，并马上把结果送到英国格林尼治皇家天文台台长艾里的手中。可惜，亚当斯时运不济，这项里程碑式的工作并未得到权威的充分重视，论文被束之高阁，没有及时地加以观测验证。

相比之下，法国人勒维耶则幸运得多。1846 年 8 月底，这位 36 岁的年轻人也完成了计算。他把计算结果分别寄送给欧洲大陆的几个天文台，请求他们帮助进行观测验证。9 月下旬，德国柏林天文台的天文学家加勒在收到信的当晚，便在勒维耶所指的天空位置上找到了这颗新行星。后来人们用希腊神话中大海之神的名字命名了这颗行星，中文就叫“海王星”。

拓展阅读

牛　顿

艾萨克·牛顿爵士是人类历史上出现过的最伟大、最有影响的科学家，同时也是物理学家、数学家和哲学家，晚年醉心于炼金术和神学。他在 1687 年 7 月 5 日发表的不朽著作《自然哲学的数学原理》里用数学方法阐明了宇宙中最基本的法则——万有引力定律和三大运动定律。这四条定律构成了一个统一的体系，被认为是“人类智慧史上最伟大的一个成就”，由此奠定了之后三个世纪中物理界的科学观点，并成为现代工程学的基础。牛顿为人类建立起“理性主义”的旗帜，开启了工业革命的大门。

勒维耶和亚当斯从笔尖下发现了海王星，他们的名字被永远列入天文学的史册之中。

冥王星究竟算不算太阳系的大行星

在冥王星发现后不久，1936 年，天文学家黑特顿和库珀就提出，冥王星不能算是太阳系的大行星，只不过是海王星的一颗逃逸掉的卫星而已。根据他们的看法，冥王星及海卫一原先都是绕海王星顺向转动的卫星。在一次偶然的机会里，这两颗卫星离得比较接近，在相互引力作用下，海卫一变为逆行卫星，而冥王星获得额外的速度，离开海王星成为绕太阳运转的第九颗行星。根据当时的推算，冥王星的质量大于海卫一，因此这种看法，在一段时间内为不少人所接受。

1978 年测得冥王星的质量只有地球质量的 0.0015 ~ 0.0024 倍，密度为 0.3 ~ 2.5 克/厘米^3。这么小的质量，怎么能使海卫一的运动方向从顺行改变为逆行呢？因此黑特顿和库珀的看法是不正确的。当然冥王星的出身，还有其他说法，比如有人认为，冥王星是海王星的一颗卫星，而海卫一是一颗形成于太阳系内部、岩石型的类似于小行星的天体，它与另一颗小行星碰撞，形成了偏心率很大的轨道，跑到海王星系统内，把冥王星从海王星系统内驱逐出去，而它自己却变成逆行卫星，冥王星的卫星也是在这次事件中，从冥王星本体撕裂出去的。

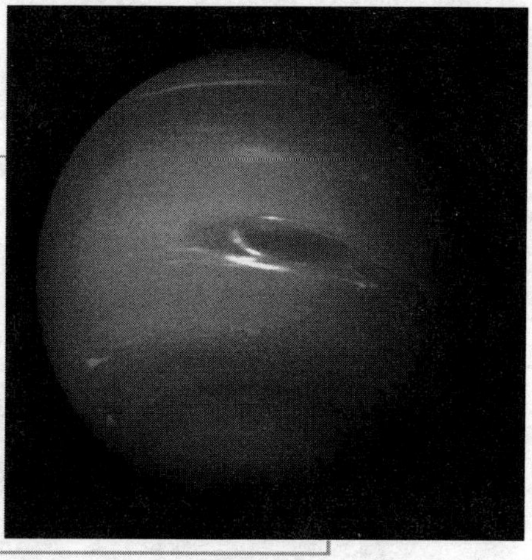

冥王星

根据2006 年 8 月 24 日国际天文学联合大会的决议，冥王星被视为太阳系的“矮行星”，不再被视为大行星。但现在绕太阳公转的观测事实说明它肯定是一颗行星，由于它的质量和大小都比其他大行星小得多，有的天文学家愿意把它归入小行星一类。

含铁比例最高的行星是水星吗

水星主要是由铁、镍及硅酸盐的混合物组成的，在表面壳层里面，隐藏着一个巨大的铁核，这个铁核的半径相当于它整个半径的四分之三，与月球的大小（1738千米）相仿。这样算起来，水星质量的60%都是铁：总重量为20000亿亿吨。因为它含铁量这么高，所以平均密度达到5.48克/厘米^3，比金星还大。

水 星

在地球上，含铁量大于45%的铁矿石就算是“富铁矿”了，这么说来，整个水星等于是一个超巨型的特大“富铁矿”。现在世界上的钢产量不过7亿多吨，如果能够开采这座“大铁矿”的话，足足可供我们用上2800亿年！

知识小链接

镍

镍是一个银白色、硬而有延展性并具有铁磁性的金属元素，化学符号为Ni，原子序数为28，具磁性，属过渡金属。密度8.9克/厘米^3。熔点1455℃，沸点2730℃。化合价2和3。电离能为7.635电子伏特。质坚硬，具有磁性和良好的可塑性。有好的耐腐蚀性，在空气中不被氧化，又耐强碱。它能够高度磨光和抗腐蚀。主要用于合金及用做催化剂。

知识小链接

硅酸盐

所谓硅酸盐指的是硅、氧与其他化学元素（主要是铝、铁、钙、镁、钾、钠等）结合而成的化合物的总称。它在地壳中分布极广，是构成多数岩石（如花岗岩）和土壤的主要成分。

水星是年最短、日最长的行星吗

一年 365 天（闰年 366 天），每天 24 小时，似乎是天经地义的事情。但一到水星上，这种日历就完全乱了套。因为水星上的“1 天”却等于它整整“2 年”!

根据“年”的定义，“水星年”就是水星绕太阳转一圈的时间，人们早就知道那是 88 个地球日。而所谓“1 天”，应当是太阳连续两次升起或落山的时间间隔。由于水星自转速度非常慢，在水星上看来，1 个“水星日”要相当于地球 176 天，亦即等于 2 个“水星年”。所以倘若“水星人”也像我们“日出而作，日入而息”，晚上呼呼大睡，则一觉醒来便长了 1“岁”，这不仅是度日如年，而是“度日胜年”了!

水星是昼夜温差最大的行星吗

从理论上说，水星和太阳的距离只有地球的三分之一左右，所以它受到太阳光的照射要比地球上强 6 倍。

但水星上的实际情况比这还要可怕得多。地球上由于有厚厚的大气层，挡掉了许多阳光，等于包了一层棉被；加上有浩瀚的海洋，可以调节气温，所以昼夜温差不大。水星上几乎没有空气，几乎没有云，不能反射阳光，又没有海洋，无法调节气温，加上“白天”长达88个地球日（2112小时），所以在水星的赤道上，“中午时刻”（相当于我们地球上几个星期长）可热到427℃。在这样的高温下，不仅所有的水早变成了蒸汽不翼而飞，就连你带去的半导体收音机和精密电子仪器，也都成了一堆废物——塑料外壳完全熔融了，所有的焊接零件也纷纷落下，因为焊锡早化成了“锡水”。但是一到日落西山，温度又急剧下降，深夜的温度是-173℃。

因此，水星上“1天”之内，冷热相差竟达整整600℃，有什么有机生命能忍受得了呢?

为什么水星难得一见

水星的光并不弱，比最亮的恒星天狼星还亮60%，比土星还亮1.5倍，可算得上一个很亮的星，但要见它一面却并不容易。因为它的轨道在太阳附近，在地球轨道之内（故也称它为“地内行星”），所以从地球上看来，它总是几乎和耀眼的太阳形影不离，充其量，它们之间不会超过28°。所以有时在太阳升起前1个多小时，它在东方地平线上稍一露面，就在太阳的光辉中隐没了，有时则在太阳降落后出现，但不一会儿，就在美丽晚霞的掩护下，匆匆躲进了地平线。只要有些薄雾或者城市灯光的干扰，肉眼就很难找到它的踪迹。据说，伟大的天文学家哥白尼，就因为一直未能见它一面而遗

拓展阅读

哥白尼

尼古拉·哥白尼1473年出生于波兰。40岁时，哥白尼提出了日心说，并经过长年的观察和计算完成了他的伟大著作《天球运行论》。1533年，60岁的哥白尼在罗马做了一系列的讲演，但直到他临近古稀之年才终于决定将它出版。哥白尼的“日心说”沉重地打击了教会的宇宙观，这是唯物主义和唯心主义斗争的伟大胜利。哥白尼是欧洲文艺复兴时期的一位巨人。他用毕生的精力去研究天文学，为后世留下了宝贵的遗产。

恨不已。

全天最亮的星星是金星吗

在迷人的夜空中，再也找不到什么星比金星更明亮动人的了。金星发出宝石般的光芒，最亮的时候，甚至可把物体照出影子来，即使在白天也可见到。它的亮度比天狼星强 14 倍，比火星强 4. 8 倍，比木星强 3. 4 倍。

金 星

金星所以这样明亮有几个原因：它离太阳和地球都比较近，加上它有浓厚的大气和云层，所以反射光的本领特别强。金星的大气早在 200 多年前（1761 年）就被俄国学者罗蒙诺索夫发现了，这也是人们最早发现的行星大气。

为什么说金星是最像地球的行星

论“个儿”，八大行星中，金星与地球最为接近。金星的直径是地球的 95%，质量也达地球的 81. 5%。它们的平均密度只差 5%，表面的引力也只有 10% 的区别。一个在地球上体重 50 千克的人，在水星上仅有 16. 5 千克，在火星上则是 19 千克，可在金星上仍有 44 千克之多。金星离地球最近，它们距离最短时只有 4000 万千米。它也有一层大气。所以，一些热心人就把它称作地球的“姐妹星”。然而现在知道，这一对“孪生姐妹”的“面貌”，实际上几乎没有什么共同之处。

金星是自转最慢的行星吗

金星的自转问题一直到 20 世纪 60 年代应用了雷达技术才搞清楚。原来它的自转与众不同，不仅转得特别缓慢，而且方向也同其他大行星相反。地球等大行星，都是自西向东自转，金星却是自东向西自转。它自转一圈的时间，需要 243 个地球日，即相当于地球上 8 个月！比它绕太阳一圈（224.7 天）的时间还长半个多月。天文学家们算出金星上的 1 “天”（昼夜）为 117 个地球日，这也是仅次于水星的次高纪录。有趣的是：水星上的 1 “天”等于两“年”，而金星则差不多是 1 “年”等于两“天”。

因为金星自转是反向的，所以在那儿出现了“西天出太阳”的奇妙景象！我们地球上的日出只有几分钟时间，但金星上的太阳走得比蜗牛还慢，差不多要 6 个钟头才会全部升起，真可谓奇慢。

木星是最大的行星吗

木星是行星世界里的“巨人”。它的质量有 2×10^{24} 吨，不仅比地球大得多，就是它的 7 个“兄弟”合在一起，质量也只及它 40%。木星的赤道半径为 71400 千米，所以在它赤道上绕一圈长达 450000 千米，比我们到月球的距离还远呢！

木 星

这颗最大的行星的结构很奇特，它不像水星、金星、地球和火星那样，有一个坚实的岩石表面。在它浓密的大气下面，是一个液态氢构成的浩瀚的大海。由于那儿的气压很高（几千个大气压），所以尽管液氢里面的温度有5000℃左右，但并不会蒸干，只是像一锅鼎沸的油那样在剧烈地翻腾。液氢的下面则是一层很奇特的金属氢层（也呈液态），它可以像金属一样导电。至于最核心部分是什么东西，现在还不能肯定。有人认为尚有一个半径1.2万千米的固体岩芯，也有人认为整个木星根本没有固体。

木星上的“太红斑”究竟是什么

木星最引人注目的特征是那个椭圆形的“大红斑”，它位于木星的南半球上。“大红斑”在木星上的相对大小，和我们地球上的大洋洲相仿，可它的实际面积却非常可观，大小有10000千米×40000千米左右，可以排得下好几个地球。奇妙的是，从1660年发现以来，虽然它的亮度和颜色已几经变化，可是它的大小及形状在300多年间却一直没有明显的改变。

大红斑究竟是什么东西？至今还在争论中。许多人认为这是木星上一个超级的特大风暴，有的则认为是一个含有大量红磷化合物的长寿命漩涡；也有的主张是一团剧烈上升的气团。1979年3月，美国“旅行者1号”曾飞到离木星上空500万千米的高空，拍得了不少大红斑的彩色照片。从照片中可清楚地看出，大红斑确实是一个巨大无比的大漩涡，内部还有很复杂的细节结构。

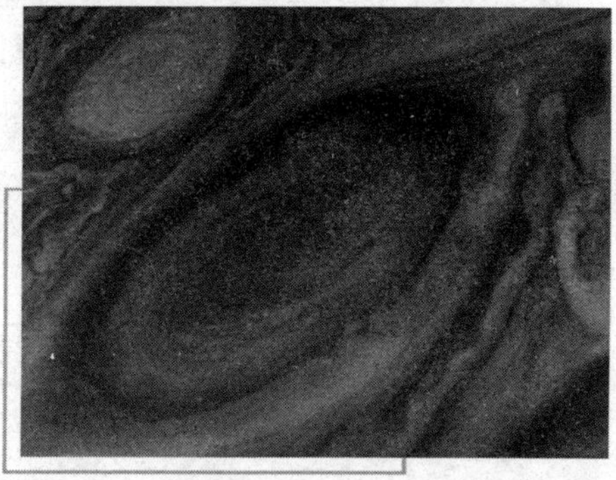

木星大红斑

令人迷惑不解的是：木星的大气表面温度低到－100多摄氏度，分子运动应当是缓慢的，怎么会出现这样巨大的漩涡，而且居然能保持300多年经久不衰？

为什么说木星最像恒星

长期以来，人们总是把能不能发光作为区别恒星与行星的标准。太阳能发光，所以归入恒星；而地球和火星等，完全是靠反射阳光发亮的，因此统统称为行星。

科学家们近来发现，木星在不少方面竟像一颗恒星，至少说它有些“不伦不类”。这不仅是因为它的化学成分与太阳相似，也是氢、氦为主（氦是氢的10%），而且还在不断地发出“光”和热来！甚至和太阳一样也会发出无线电波（射电）和能量较高的电子。

木星发出的光是肉眼不能察觉的红外光，它使得木星大气的温度比理论计算值高了50℃。木星发出的电子也可跑得很远，向内可以打到水星的区域，向外则可射到土星周围。

木星的半径是地球的10多倍，是太阳的十分之一多，难怪它会有些像恒星了，可它也只能说是“有些像”而已。木星的质量只有太阳的千分之一。如果它的质量再大上70多倍，那时内部的压力和温度就会达到引起热核反应的程度，而会变成一颗真正的恒星了。

木卫6是最大的卫星吗

与行星一样，卫星彼此间大小相差也十分悬殊，大的“个儿”超过了冥王星和水星。过去认为最大的是土卫6，又名“提坦”，当时测定它的半径为2900千米±200千米（“±”表示可能的误差范围），介于水星与火星之间。

提坦是一个橙红色的星，离土星中心的距离是土星直径的100倍。最奇特的是它具有可与我们地球相比拟的浓厚大气层（其他两个卫星：木卫3和海王卫1可能也有大气，但没有它那样浓密）。其主要成分是甲烷、氢以及乙烷、乙烯、乙炔等有机分子，这恰与我们地球上当初孕育出生命来的原始大气很类似，所以科学家们对它寄予着很太的希望。

广角镜

木卫3

木卫3是围绕木星运转的一颗卫星，公转周期约为7天。按距离木星从近到远排序，木卫3在木星的所有卫星中排第七，在伽利略卫星中排第3。它与木卫2及木卫1保持着1:2:4的轨道共振关系。木卫3是太阳系中最大的卫星，其直径大于水星，质量约为水星的一半。

“旅行者”的探测，极大地丰富、深化了人们对于卫星世界的认识。现在知道：土卫6也是一片不毛之地，而且，从“旅行者”发回的资料看来，冠亚军已颠了个倒。实际测量表明，土卫6的半径仅2560千米，而原来第二名的木卫3，半径却有2650千米，因而成为新的冠军。它的质量14900亿亿吨，差不多是冥王星质量的10倍。

木星和天王星也有光环吗

以前人们只知道土星有个美丽的光环，但是近几年却发现天王星和木星都有自己的“光环”。把它们打上引号，是因为这两个环实际上都极暗，几乎不发可见光，肉眼也看不见。

天王星的“光环”是意外发现的。科学家们在观测1977年3月10日的天王星掩星（即挡住远处恒星的光）中，总觉得有些异常现象，经分析，这是天王星“光环”在作怪。现在人们已辨出，天王星的“光环”由9个环组成，总宽度有几千千米，主环只有100千米。环内尽是小的岩石块。

最近发现的木星“光环”得来也颇不容易。因为从“旅行者1号”发回的18700多张照片中，只有其中的1张显示出木星周围有个暗淡的

广角镜

乙　烯

乙烯是由两个碳原子和四个氢原子组成的化合物。两个碳原子之间以双键连接。乙烯是合成纤维、合成橡胶、合成塑料、合成乙醇的基本化工原料，也用于制造氯乙烯、苯乙烯、环氧乙烷、醋酸、乙醛、乙醇和炸药等，且可用作水果和蔬菜的催熟剂，是一种已证实的植物激素，也是石油化工发展水平的指标。

“环”。要不是有两年前天王星环的先例，人们也许还不敢贸然下结论呢！后来，从这一大堆照片中，又找到了两张可作“旁证”的。不久后，“旅行者2号”再度拜访木星，才把一切疑云扫除殆尽。据测定，木星“光环”厚度不到30千米，宽度不到9000千米，绕木星一圈的时间为7小时，速度比木星的自转还快。组成木星环的也是一些黑暗的石块，与天王星“光环”差不多。

为什么说土星是最美丽动人的行星

土星的名字虽“土”，但在它身上却找不到一丁点儿泥土，也丝毫没有什么“土气”。相反的，土星是天空中最“时髦”、最美丽动人的天体。凡是用望远镜与它见过一面的人，就绝不会忘记它那漂亮的身容。

土星有一个美丽的光环。这个光环，实际上包含了好几个环，总宽度达20万千米，但厚度却出奇的小，只有2～4千米。倘按比例缩小，光环就像一张足以盖没羽毛球场的薄纸。土星的光环比较亮，是因为组成光环的大多是能反射光线的小冰块。如果把环中的物质全部凝聚在一起，则可构成一个相当于

美丽的土星光环

月球大小的卫星。

土星光环实际上是无数小光环组成的，远远看去就像一张硕大无朋的密纹唱片。

密度最小的行星是土星吗

土星在行星行列中，也可堪称为一个“巨人”。它的赤道半径有60000千米，仅比木星小10000千米，所以环游它一圈就相当于我们到月球去探险旅行。但土星的质量却只有木星的29.9%，为5688万亿亿吨，因此不难算出，它的平均密度只有0.7克/厘米^3，亦即比水还小30%。倘若真有一个硕大无边的大海，则土星可以像软木塞那样，浮在这个海上随波逐流……

土星虽然巨大，质量有我们地球的95倍，可是它的表面引力并不大，只比地球上大15%，也就是说，地球上体重为50千克的人，在土星上也只不过重57.5千克。

围绕土星的光环是什么

伽利略是第一位用望远镜观测天空的人，他在1610年第一次观测时，发现了一种奇异的景象：在土星的周围有一道环。

1655年，有位叫霍金斯的天文学家，用更精密的望远镜研究土星。他也发现了这种景象。于是用密码把所见的记录下来，翻译出来是这样的：“土星上围着一道薄而平扁的环，但是环并没有和土星接触，并且倾向于赤道。”

第一次看到土星光环的人都感到惊奇，现在它仍然是我们太阳系中的一个大奥秘。据我们所知，像这样的光环，在其他行星周围并不存在。

土星光环一共有内外三层。其特征是：(1) 一层环全是在同一个平面上；(2) 每条环围绕着土星的赤道；(3) 每道环向外凸出，宽度大约有 27.35 万千米。

土星的环中层最明亮，有一道黑暗的空间，把它和外层分开，而最里面的环最黑暗。据我们所知，这道环并不是连续的固体或液体物质，而是由极小的物体碎片组合而成的。但是从地球上看去，似乎这些物体都结合在一起。因为这道环是倾斜的，所以我们先看到的是北边，然后看到南边。但是这道环是什么，为什么会有这道环，目前还没有人能解释清楚。

天王星是肉眼可见的最暗的行星吗

在晴朗无月的夜空中，一个视力正常的人，能看到最暗的星是 6 等星。天王星最亮时的星等是 5.5 等，比六等星要亮 60% 左右。按理说，它早就应该引起人们的注意，可是不知为什么，在 18 世纪以前的漫长岁月中，竟会无人注意它！

一直到 1781 年，英国一个音乐师威廉·赫歇尔，在用他自制的望远镜做巡天观测时，发现了一颗特别的天体，它有一个隐约可见的绿色视圆面。赫歇尔最初把它当作彗星，因为从来还没听说过行星能为人发现。但从接连的观测中，很快算出了它的轨道，证明它确实是一颗行星。这是在水、金、火、木、土等早为人们所知的行星之外，在 18 世纪第一颗被人发现的行星，也是肉眼能见到的最暗的行星。它被取名为天王星。

其实，在赫歇尔之前，并非真的无人见到过它。有很多“历史文献”曾经有过记载。甚至在 1609 年（望远镜还未指向天空），就已有人和它打过交道。

为什么说天王星是自转最奇特的行星

天王星的半径不到26000千米，质量874万亿亿吨，平均密度为1.3克/厘米^3，这些都没什么特别的地方。

精彩的是它奇怪的自转方式。它的赤道面与轨道面的交角为98°，所以像一个淘气的孩子，一直在“地上”打滚。如果你来到天王星上，看到的天空将是混乱不堪的。如在天王星的“夏至”和“冬至”时，太阳几乎在极点的头顶上。从赤道上看，太阳又几乎一直在地平线附近打转儿。在天王星的北极处，自“春分”日太阳升起后，一直要经过42年才会落下；而接着的42年却又是永恒的黑夜。

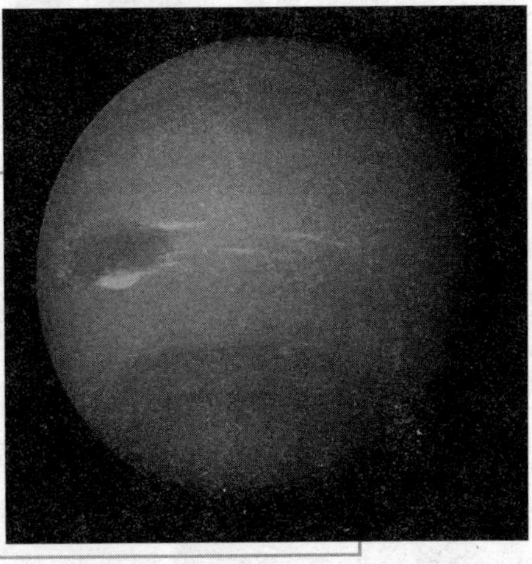
天王星

在天王星的天空中，水星、金星、地球、火星是无法看到的，因为它们都在“地平线”上，而且与太阳的角距离太小，总是掩没在太阳光中。

不过我们不要忘记，天王星离太阳比我们远18倍，所以那儿见到的太阳已小得可怜，只相当于40米外的一枚5角硬币。它的光芒也不会叫你睁不开眼睛，因为它只相当大约60厘米外一盏百瓦电灯。

基本小知识

夏至

夏至是二十四节气之一，在每年公历6月21日或22日。夏至这天，太阳直射地面的位置到达一年的最北端，几乎直射北回归线（北纬23°26′28″44），北半球的白昼达最长，且越往北越长。是北半球一年中白昼最长的一天，南方各地从日出到日落大多为14小时左右。夏至这天白昼最长，太阳角度最高。

基本小知识

冬 至

冬至，是中国农历中一个非常重要的节气，也是中华民族的一个传统节日，冬至俗称“冬节”、“长至节”、“亚岁”等，早在2500多年前的春秋时代，中国就已经用土圭观测太阳，测定出了冬至，它是二十四节气中最早制订出的一个，时间在每年的公历12月22日或21日，这一天是北半球全年中白天最短、夜晚最长的一天；中国在这一天有北方大部分地区吃饺子、南方吃汤圆的习俗。

冥王星离我们有多远

冥王星差不多已到了太阳系的“边缘”，因为在它以外的地区，物质已极稀少了。平均说来，冥王星离地球有59亿千米之遥。为了帮助我们想象它有多远，不妨举个例子：即使我们乘坐3分钟就能在北京、南京之间打个来回的宇宙飞船去冥王星旅行，那路上至少也得花20年。如果在冥王星上给地球挂个直通电话，最少也得过5个小时，我们才能听到电话铃响。这种“长途电话”，一整天也对讲不了几句话。

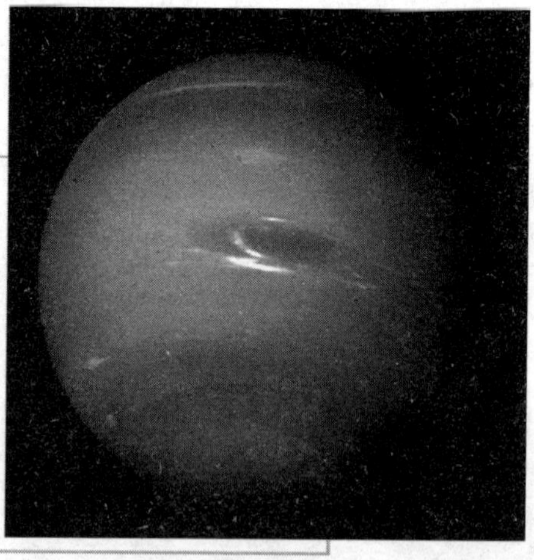

冥王星

巨大的距离也使太阳变了模样。在冥王星上已经看不到太阳的视圆面了，它成为天空中一颗比较特殊的星。说它“特殊”，是因为这个“光点”特别明亮，小小的一点比我们的中秋明月还亮200倍，相当于一支100瓦电灯挂在1.5米高处。当然，比之地球上炫目的阳光，那是差得太远了，但看书读报还是可以的——如果你不怕冻坏的话。

冥王星上最冷吗

在地球上最冷的南极洲，人们曾测到过－88℃的纪录，这已是地球上的“寒极”了。

然而，这在冥王星上算得了什么呢！根据科学家们测定，即使是在日光照射的那一面，它也只有－223℃，而在背阳面的夜晚，则还要低30多摄氏度。

我们知道，在地球上，氧气在温度降到－183℃时就会变成液体，在－218℃时，则进一步会变成固体。而冥王星还比它冷得多。在这样低的温度下，不少物体的性质会发生奇妙的变化，如橡胶变得又松又脆，轻轻一碰就成为碎片；而鸡蛋在这时尽可去碰石头，因为它会像皮球那样蹦跳起来。

各个行星有多大

水星的直径约有4880千米，相当于大西洋的宽度，所以它的大小只是地球的几分之一。

金星大小与地球几乎相同，它的直径有12100千米，而地球的直径是12756千米。金星有一个奇特的现象，它是倒着转的，就是由东往西转。

火星在空中发出微红色的光，直径有6790千米，是地球直径的1/2强。火星比其他行星吸引了更多的科学家，因为火星上的黑点看起来像是沟渠或运河。除了地球以外，火星似乎比其他星球更有可能让生物，或许是某种植物生存。

木星离太阳远了一些，绕行轨道一周需要8.5年。木星是所有行星中最大的一颗。它的直径有142800千米，几乎是地球直径的11倍。

土星也是一颗大星，直径有119300千米，是地球直径的9倍。土星有一种特殊的现象，就是有一层扁平的圆圈围绕着，这些圆圈是由数十亿个细微颗粒组成的。

天王星比地球大得多，直径有 51800 千米。天王星倾斜着，它的轴心呈 98°斜角（地球倾斜只有 23.5°）。

海王星直径约为 49500 千米。

为什么所有的行星看起来都不一样

每一个行星看起来都不一样，这是因为每一个行星虽然都是围绕太阳旋转，而且是太阳系的一部分，可是它们的物质组成却不尽相同。

我们简单地看一看地球以外行星的组成。就目前所知，水星是一颗多岩石的小星球，它的表面有黑暗的地区，有一层很稀薄的二氧化碳气层。金星呈白色，有模糊的斑点，整个覆盖在云状的气层里，这些白云含有二氧化碳气体，或许也有氮气和氧气。我们还无法确定金星的表面会不会很热。如果不热，或许会有海洋，如果很热，很可能会有一片广大无生物的沙漠。火星是一颗多岩石的小星球，有一部分表面很黑暗，这些黑点是不是沟渠，我们还不知道。火星若有氧气，也少得可怜，因此火星上有没有生物，仍是一个谜。木星是一颗微黄色的星球，横亘着一些深色的彩带。覆盖着木星的云层，厚度或许有几千千米。木星的中心是否由岩石构成，它的主体是否由纯氢氧所组成，我们还不知道。土星覆盖着云层，也有彩带，赤道处呈微黄色，两极处呈浅绿色。它的中心或许是一个小小岩石区。天王星看起来有些呈绿色，有一条银色的带环绕着。海王星是一个暗绿色的球体，也环绕着几条彩带。

行星是怎样绕太阳转的

行星绕太阳的公转轨道都呈椭圆形，椭圆的偏心率则有所不同，太阳处在椭圆两个焦点中的一个上面。这就是开普勒定律中的第一定律，即轨道定律。

开普勒定律的第二定律是这么说的：在相等的时间内，行星中心与太阳中心的连线所扫过的面积相等。这又称为面积定律。据此，行星在轨道近日点附近比在远日点附近运动得更快些。

第三定律又称为调和定律。如果用 T_1 和 T_2 分别表示两颗行星的公转周期，R_1 和 R_2 分别表示它们与太阳的平均距离，则用数学方式可以表达为：

$$\frac{T_1^{\ 2}}{T_2^{\ 2}}=\frac{R_1^{\ 3}}{R_2^{\ 3}}$$

这就是行星运动三定律，行星运动三定律有着很重要的意义，不仅是行星都遵守着规则，行星的卫星也不例外。第三定律更是庄严地宣告：太阳系天体的公转周期和到太阳的距离，并非随意的，也不是偶然的，而是有着严密秩序的一个整体。

行星是否会撞在一起

当我们仰望夜空看到满天星斗时，可能会想到一个问题：天上的行星会不会发生碰撞？幸好这个问题的答案是否定的。

我们仰望群星的时候，并不知道两个行星间的距离有多远。为了了解实际情况，下面就以太阳系为例说明。

我们假设自已的头是太阳，它的大小和位置都与太阳系中的太阳一样。你的头位于许多大小不同的圈子的中央，这些圈子就是行星绕太阳的轨道。

以头为中心，水星在最内圈的轨道运行，距离 6 米，大小约

你知道吗

什么是近日点？

各个星体绕太阳公转的轨道大致是一个椭圆，它的长直径和短直径相差不大，可近似为正圆。太阳就在这个椭圆的一个焦点上，而焦点是不在椭圆中心的，因此星体离太阳的距离，就有时会近一点，有时会远一点。离太阳最近的时候，这一点位置叫作近日点。

为1个标点符号中的句点（别忘了，你的头就相当于太阳的大小）。金星在12米的轨道运行，大约和阿拉伯数字的0一样大。占据着第三圈轨道的就是地球，略比金星大一些，在距离16.5米远的地方运行（实际上地球距离太阳有149664900千米远）。

在第四圈的是火星，体积比地球小，距离25米。接下来的是木星，是所有行星中体积最大的一个，按照比例它的大小相当于一颗弹珠，和头的距离相当于一个足球场的长度。在第六圈的是土星，直径1.3厘米，差不多有一条街那么远。

天王星的直径是0.5厘米，距离约为两条街那么远。海王星比天王星稍小，在三条街距离的地方。因为每个行星各自依照自己的轨道绕太阳运行，所以不可能发生碰撞。

人类最早发现的小行星是谷神星吗

1766年，德国一个中学教师提丢斯发现，行星离太阳的距离似乎有某种规律可循。他研究并提出了自己的见解。柏林天文台台长波得很赞成提丢斯的见解，并为之热心宣扬。所以后来人们把它称为提丢斯–波得定则。根据这个规则，在火星与木星间似乎应该还有一颗行星。1781年，威廉·赫歇尔发现的天王星也正好与这个定则规定的某个位置不谋而合。这样人们更相信，应当努力去搜索这个尚未露面的行星。终于，在人类进入19世纪的第一个晚上（1801年1月1日），从意大利传出了喜讯：西西里天文台台长皮亚齐在金牛座内发现了一个陌

谷神星近影

生的天体。开始他以为这个天体可能是彗星，但后来从轨道计算中，马上肯定是人们期望中的行星。这是人类所知道的第一个小行星——谷神星（神话中西西里岛的农业保护神）。

灶神星是最亮的小行星吗

小行星平时肉眼都无法看见，这是因为它们离太阳和地球都较远，接受到的阳光较少；更因为它们都十分小，直径只有数十千米。这样，反射到地球上的光便十分暗淡，只有在它们“冲日”时，才会显得比较明亮。

最亮的小行星是1807年发现的灶神星（4号）。在冲日时，它相当于一个6等星，正好为人的肉眼所见的极限。亮于7等的小行星有5个，都发现于二小行星冲日时离地球最近10世纪以前。

为什么说谷神星是小行星中的“老大”

谷神星的直径只有月球的五分之一，质量不到地球的五千分之一。尽管它是这么小，却是小行星世界中的“老大”。在现在已知的3000多颗小行星中，直径超过100千米的仅有30多颗。所以，直径760千米的谷神星实在已很了不起了，它的质量相当于所有其他小行星质量的总和。

小行星中最大的几颗就是早期发现的几颗。

小行星的名字是五花八门的：开始是沿用行星命名的习惯，冠以希腊或罗马神话中神灵的美名。但后来发现的小行星越来越多，便又有以国家、城市来命名的，如比利时、西班牙、纽约、北京等等。接着又用天文学家或科学家的名字来称谓。还有用诸如“道德”、“真理”之类的哲学名词来命名的。但即令如此，还是有许多小行星仍没有雅号，仅有一个索然无味的数字号码。

最小的小行星是阿多尼斯吗

绝大多数小行星可能是一些小石块、小铁片，因离我们有亿万千米，所以无从察觉。在我们已知的3000多小行星中，最小的是1936年发现的2101号阿多尼斯。根据测定，它的质量约5000万吨，只有最大的谷神星的二百亿分之一。它的直径仅只300米左右，只相当于一艘巨型航空母舰的长度。倘若它的形状是球形，则在它上面绕一圈也不满1千米。它的表面引力很小，一个体重50千克的人到它那儿只有0.75克，相当于地球上300粒大米的重量。在这样的小行星上可得十分小心，因为它的逃逸速度只有21厘米/秒，仅比蚂蚁爬行快6倍。所以，即使散步的速度也能使你飞到空中，而且永远不会落下来了。

织女星旁有行星系统吗

太阳系之外还有没有别的行星（地外行星）或行星系？这是一个很易令人激动、极其有趣的敏感问题，因为它也是地外文明、宇宙人存在的前提。从科学角度而言，答案是肯定的。茫茫宇宙中应当存在着众多的地外行星，发现它只是时间迟早的问题。然而，所有恒星都极其遥远，绕恒星运转的行星本身又不发光，所以即使巨型望远镜也很难发现。

但科学家们并不停止他们的探索，光学方法不行就改用“红外”测量，因为只要不处

> **趣味点击　航空母舰**
>
> 航空母舰是一种军舰，以搭载的舰载机为主要武器，舰体通常拥有巨大的甲板和坐落于左右其中一侧的舰岛。航母是航空母舰战斗群的核心，舰队中的其他船只提供其保护和供给，而航母则提供空中掩护和远程打击。发展至今，航空母舰已是现代海军不可或缺的武器，也是海战最重要的舰艇之一。

于绝对零度（-273.16℃），任何物体都会发出红外辐射。果然，一颗美-荷-英的红外天文卫星在1983年发现；织女星旁有一个较大的行星系统，至少也有一条小行星带。它的总质量可能与我们八大行星差不多，范围则是80天文单位。

我们知道织女星的光比太阳差不多强60倍。因此，如果要获得像地球那样的条件，则行星要离织女星7.7天文单位（11亿千米）处才比较合适。

离地球最近的小行星是赖·夏洛姆星吗

绝大多数小行星在火星和木星的轨道之间运行，平均离太阳4.1亿千米左右。但也有一批小行星却爱与地球做近邻，它们与太阳的平均距离和地球差不多，现在已知这种小行星共26颗，它们组成了一个“阿波罗群”（阿波罗是西方神话中的太阳神）

从平均距离来说，离太阳最近的是1978年发现的2100号赖·夏洛姆。它与太阳的平均距离为1.2亿千米，比我们近3000万千米。而走到与太阳最近处的小行星却是1566号伊卡鲁斯。这颗于1949年发现的小天体虽然与太阳的平均距离为1.5亿千米左右，但因为轨道偏心率很大，所以它最近太阳时的距离只有2700万千米，比水星还近1倍！

就我们地球而言，小行星最近的距离是1937年10月30日的赫米斯。那时，它离地球

拓展阅读

逃逸速度

逃逸速度是在星球表面垂直向上射出一物体，若初速度小于某一值，该物体将仅上升一段距离，之后由星球引力产生的加速度将最终使其下落。若初速度达到某一值，该物体将完全逃脱星球的引力束缚而飞出该星球。需要使物体刚刚好逃脱星球引力的这一速度叫逃逸速度。天体表面上物体摆脱该天体万有引力的束缚飞向宇宙空间所需的最小速度。例如，地球的逃逸速度为11.2公里/秒（即第二宇宙速度）。

仅仅只 70 万千米，还不到月球距离的 2 倍，就好像到了我们“家门口”。根据天文学家的计算，这颗半径只有 300 米的小行星，将来还会走到更近的地方，那时距离我们可能只有 60 万千米。

最远的小行星是“柯瓦尔”天体吗

过去一直认为，最远的小行星是 944 号希达尔各。这颗直径 20 千米的小行星，平均离太阳 8.7 亿千米，比木星还远。最远的时候可越过土星，有 14.5 亿千米之遥。

1977 年，人们发现的“柯瓦尔”天体，却远远打破了这个纪录。它的轨道半长径是日地距离的 13.7 倍，合 22 亿千米，已大大超过希达尔各的远日点了。它离太阳最远的时候，已快到天王星的“家门口”，离太阳 28.4 亿千米，最近的时候也还有 12.7 亿千米，比一般小行星尚远 2 倍多。

当天文学家在 1977 年 11 月 1 日刚发现它时，有些人认为这是太阳系中争论已久的第十颗大行星。但是后来测得它的直径只有几百千米，根本无法与大行星“平起平坐”。人们给它的正式编号是 2060 号。

跑到主环外的小行星有哪些

大多数小行星分布在火星和木星轨道之间、距离太阳 2.1 ~ 3.3 天文单位的小行星带内，但小行星中也有一些“调皮鬼”，它们不安分守己，跑到主环带以外游来逛去。这样的小行星被分为几类：脱罗央群小行星、阿莫尔型小行星、阿波罗型小行星、阿登型小行星，等等。

◎脱罗央群小行星

著名的脱罗央小行星群，与太阳的平均距离以及围绕太阳公转的周期都与木星很相近，它们分为两组，各在木星前后 60°的地方，与太阳和木星形成了两个几乎是等边的三角形。早在脱罗央群小行星发现之前，1772 年法国数学家、力学家拉格朗日（1736—1813）就从理论上讨论了三体运动的规律。

他证明，如果三个天体恰好位于等边三角形的三个顶角上，其中的一个质量相比起来很小，那么这三个天体就会保持相对稳定的位置。后来，脱罗央群小行星的发现，证实了拉格朗日的理论。

1949 年 6 月，由美国帕洛马山天文台发现的“依卡鲁斯”小行星，是一颗轨道极为特殊的小行星。它的轨道半径与地球轨道相当，而轨道偏心率极大，致使近日点竟然深深进入水星轨道以内，距太阳仅仅只有 0.18 个天文单位。人们认为，当它接近太阳的时候，它的温度可能会达到 500℃。

◎阿莫尔型小行星

阿莫尔型小行星的转道在火星轨道之内，但比地球的大，它们有时能进入地球轨道外侧的近旁，很少进入地球轨道之内。据估计，太阳系内的阿莫尔型小行星共有上千颗，现已发现了 90 多颗。

◎阿波罗型小行星

阿波罗型小行星的轨道也比地球的大，但它们有时能深入到地球轨道之内甚至深入到水星轨道之内，原因是它们的椭圆形轨道很扁，即轨道偏心率很高。天文学家估计太阳系内的阿波罗型小行星的总数也有 1000 多颗，可能比阿莫尔型小行星的数目还要多。目前已发现近 100 颗。由于阿波罗型小行星的轨道面与地球轨道面相交，所以也称它们为掠地小行星。

◎阿登型小行星

阿登型小行星的轨道与地球轨道非常相似，它们的公转周期与地球的一年很相近。估计这类小行星比阿莫尔型和阿波罗型小行星都少得多，总数也就 100 多颗，现已发现 10 多颗。

阿莫尔型、阿波罗型和阿登型三类小行星的轨道都与地球轨道接近，它们都有和地球近距相遇的机会，因此它们又都被称作近地小行星。近地小行星会不会撞击地球呢？19 世纪内已有许多次近地小行星与地球近距离相遇的记载，距离最近的一次是 1991BA 小行星从地球近旁飞驰而过的时候，距离地球只有 17 万千米，还不到月地距离的二分之一。

“陨冰”是怎么回事

除了少见的玻璃陨石外，世界上还有一种极其稀罕而奇异的“陨冰”。以前所确证的记录仅有2次。一次发生在美国威斯康星州的卡什顿城附近，时间是1955年8月30日，那天有一块重达3千克的大冰块落在一个男孩附近，摔成两块。经过加利福尼亚州科学家们的化验鉴定，可以肯定是地球的“外宾”。

1963年8月27日，一块5千克的大冰块又从天而降，在莫斯科附近集体农庄的一个果园中摔得粉碎，把一个妇女吓得愣了半天，以至化了一大堆水才去报告。

两次都发生在盛夏季节，当时天空中既无一丝云彩，又无任何飞机之类飞行器经过，可以肯定不是人类的遗弃物。从科学家们所做的化验中也可以断定，它们原是运动在宇宙空间的一些巨大的冰块。

第一块陨石来自月球吗

陨石的确切来源至今还是一个令人激动的谜。

1983年，美国科学家在南极考察时发现了大批陨石，其中有一块浅蓝与咖啡色相间的小陨石颇为别致，他们将其编号为α81005。这颗陨石大小仅像高尔夫球（约3厘米），重不过31克，但它却引起了科学家们的浓厚兴趣，因为它的成分与众不同，主要是由一种包含于棕色玻璃状基体的斜长面组成的砾岩，与“阿波罗16号”宇航员从月球高原上带回的月岩极其相似。经过几个月的精心分析研究，α81005确实是大约在10万年前月球与小行星碰撞时，从月

广角镜

砾　岩

砾岩是一种沉积岩，由从母岩上破碎下来的，颗粒直径大于两毫米的碎屑，经过搬运、沉积、压实、胶结而形成的岩石，砾石的平均直径如果在1毫米~10毫米，为细砾，10毫米~100毫米称为粗砾，大于100毫米为巨砾。砾岩是一种碎屑岩。其胶结物中常含有矿物，砾岩可以作为建筑材料。砾岩比较粗糙，可以见到明显的砾石，如果胶结成岩石的砾石具有棱角，则称为角砾岩。

亮上危海地区的一个环形山掉到地球上来的珍品。

这个结论的重要性在于为陨石的来源指明了方向。此后，人们又陆续发现了来自火星的陨石、来自某些小行星表面上的陨石……使陨石的起源和演化问题有了新的突破。

公转最快和最慢的卫星各是什么星

卫星绕行星的转动与行星绕太阳旋转一样，遵循开普勒定律。卫星离行星越近，转得越快，周期越短（周期的平方与平均距离的立方成正比）。火卫1离火星中心只有9400千米，因此它绕火星转一圈的时间最短，只有7小时43分。它比火星的自转周期（24小时37分）快了2倍多，因此尽管它们转动的方向是相同的，都是自西向东，但在火星表面上看来，这个“小月亮”是西升东落的，而且一天之间要升起2次，这可算是太阳系内的又一奇迹。

公转最慢的是木星最外面的一颗卫星木卫9，它离木星2370万千米，绕木星一圈需要758天，比我们2年的时间还长。

发现小行星最多的人是谁

奥地利天文学家帕里沙从他26岁发现136号奥地利开始，8年内发现了28颗小行星。在此后40年中，他利用口径68厘米的望远镜又发现了101颗，因此他创造了目视方法找小行星的最高纪录。

目视法寻找小行星犹如大海捞针，并非易事，所以帕里沙的成绩是很了不起的。但自从运用了照相术后，局面有了飞速的变化。德国海德堡天文台65岁的沃耳夫，在1881年成功地用照相法发现323号小行星布鲁西亚。在此后的七八年间，他一人又发现230颗，比帕里沙50年的心血将近多了一倍。

天文台采用沃耳夫的新方法后，使得小行星队伍很快地壮大起来：1801～1881年的80年间，人们仅知有322颗；而到1953年11月20日，仅只72年时间，发现的小行星却已突破了1000颗大关！至今已有了3000多颗了。

小行星也有卫星吗

1978年，在发现冥王星卫星后不久，天文学家们又利用532号小行星赫克列娜掩星的机会，对它进行了细致的观测，结果惊奇地发现，这颗直径243千米的小行星，居然也有一颗小天体在绕它旋转。据分析，这颗卫星的直径约46千米。如果平均密度相仿，则其质量比为147∶1，两者的中心距离是977千米，也只是赫克列娜直径的4倍。半年后，用同样的方法，又发现了1852年发现的18号小行星梅菠曼（直径135千米），也有一个直径37千米的卫星。

小行星是怎样命名的

由于我们的肉眼看不到小行星，所有的小行星都是在有了望远镜以后才发现的。第一颗小行星是在1801年由意大利天文学家皮亚奇发现的。他为了取悦于国王，提出把这颗小行星命名为弗迪南三世，但是遭到了其他天文学家一致的反对。经过一番争论，大家都同意遵照给大行星命名的惯例，仍用希腊、罗马神话中神的名字给小行星命名。这颗小行星叫作得墨忒耳，中文译为谷神星。得墨忒耳既是罗马神话中的收获女神，又是西西里岛的农业保护神。这就开创了用神的名字命名小行星的先例。

随着观测手段的不断提高，天文学家发现的小行星越来越多，神的名字已“供不应求”，因此天文学家除了用神的名字外，也用国家与城市的名字来为小行星命名，如中华、奥地利、俄罗斯、美利坚、日本、意大利等等，以及北京、南京、上海、巴黎、罗马、东京、莫斯科、芝加哥等都成为小行星的名称。为了纪念和表彰那些为人类科学事业做出贡献的科学家，也用科学家的名字命名小行星，像牛顿、爱因斯坦、伽利略、开普勒等著名的科学家的名字都可在小行星的花名册上找到。这当中，有中国古代的5位科学家：张衡、祖冲之、一行、郭守敬和沈括；还有中国现代的4位天文学家：张钰哲、蔡章献、王绶琯、叶叔华。张钰哲小行星的编号是2051，是由美国哈佛天文台于1976年10月23日发现的。张钰哲是我国小行星研究的开创者，他于1928年在美国发现1125号小行星，并用“中华”这个名字命名。国际小行星组织为表彰张钰哲的贡献，将2051号小行星命名为张钰哲星。蔡章献小行星的编号是2240，他曾任台北天文台台长，在行星和变星方面有突出成就。王绶琯小行星和叶叔华小行星都是我国紫金山天文台发现的，编号分别是3171和3241。

我国天文学家所发现的小行星已经很多，超过了300颗，其中的一些小行星相继采用中国的地名、人名来命名。

什么是彗星

仰望晴朗的夜空，星星都是些亮晶晶的光点。可是有时候（这当然是十分难得的）夜空里突然闯来一位形状奇异的生客：明亮而有点毛松松的头，长长而略有点散开的尾部，像一把扫帚。这就是彗星，通常被称作“扫帚星”。

彗星只是一大团冰冻的气体夹杂着冰粒和尘埃物质。典型的彗星分为彗核、彗发和彗尾三个部分。彗核主要由比较密集的固态物质组成，直径一般在10千米上下。彗核周围云雾状的就是彗发。彗核和彗发合称为彗头，后面长长的尾巴叫彗尾。

彗头的直径一般在5万～

广角镜

北京天文台

中国科学院下属的5座天文台之一。1958年筹建，总部设在北京海淀区中关村。是以天体物理研究工作为主的综合性天文台。有天体物理、光电成像、光学和自动化等实验室，还有沙河、兴隆、密云、怀柔和天津5个观测站。沙河观测站地处北京北郊昌平区沙河镇，海拔40米，东经116°20′，北纬40°06′，主要仪器有光电等高仪、光电中星仪、光学跟踪经纬仪、人造卫星激光测距仪、双频多普勒测速仪和原子钟。该站侧重于时间工作、地球自转和人造卫星运动的观测研究。

25 万千米。据记载，彗头“冠军”可能要算是 1811 年出现的一颗大彗星，其彗头直径超过 180 万千米，比太阳直径（140 万千米）还要大。天文学家通过地球大气外的观测发现，某些彗星的彗头最外层还有一层更大的包层——氢云，有的直径达 1000 万千米！

彗尾的长度一般都为数百万到上千万千米。刚才提到的那颗彗头“冠军”，它的彗尾长 1.6 亿千米以上，彗尾的宽度达 2000 多万千米。

哈雷彗星是怎样发现的

1682 年，夜空中出现了一颗特别大的彗星，样子十分奇特，光亮异常。与牛顿同时代的英国天文学家哈雷对这颗彗星进行了大量的观测。经过潜心研究，他利用开普勒定律和牛顿万有引力定律，对这颗彗星的运行轨道做了计算，计算结果表明：这颗彗星是围绕太阳运行的一个天体，它的轨道也是椭圆形的，只不过是一个十分扁长的椭圆。使哈雷备感兴奋的是，他发现这颗彗星的周期是 76 年，也就是说，每隔 76 年它就要光临太阳一次。而他从历史资料中知道，76 年前左右，也就是 1607 年，正好出现过一颗大彗星；再往前推 76 年，即 1531 年，天空中也出现过一颗大彗星。于是他大胆地推想：1682 年的大彗星就是 1531 年和 1607 年出现过的大彗星，并且进一步做出了科学的预言：“1682 年曾引起人们莫大恐慌的大彗星，将于 76 年之后，即 1758 年再次出现于天空。”

哈雷彗星

哈雷的预言得到了证实，彗星的神秘面纱也被揭开了。人们从此认识到彗星的行踪虽然十分复杂，但却可以根据科学定律推算出来。哈雷的工作为人类认识彗星开辟了道路。为了纪念他的重大贡献，人们便把这颗彗星命名为哈雷彗星。

密度最小的“星”是彗星吗

彗星虽然硕大无比，可是腹中空空，密度非常小。它的质量甚至还不及一颗不大的小行星。大彗星也只不过几千亿到几十亿亿吨，至多只及地球的几十万分之一，而小彗星的质量甚至只有几十亿吨。如果我们把地球比作5吨重的大象，则最大的彗星也只有一只小橘子（50克）那么重，多数彗星则比一粒芝麻还轻。即使是最密的彗核，密度也常比水小得多。在彗头部分，星光也可以自由地穿过，丝毫不受影响。彗星的平均密度约 10^{-11} 克/厘米^3，只有我们周围大气的一亿分之一。在它更稀薄的彗尾中，密度便更小了，可说是“看得见的虚空”。如果把彗尾物质“切”成截面积为1平方米的长条，即使它长到可以联结地球和太阳（1.5亿千米），总共也只有1.5克重。

海尔－波普彗星

彗星是遵循什么样的轨道运行的

彗星的外貌特殊，它们绕太阳运动的轨道也很特殊。八大行星围绕太阳运动的轨道偏心率都很小，它们的轨道都是一些近似于圆形的椭圆。而彗星的轨道就比较复杂了。众多彗星的轨道各不相同，轨道的形状有椭圆、抛物线和双曲线，而且即使是椭圆也都是一些偏心率很大，被拉得又扁又长的椭圆。太阳则位于这些椭圆曲线的一个焦点上。大多数彗星的远日点都在八大行星轨道范围之外，甚至到了星际空间。

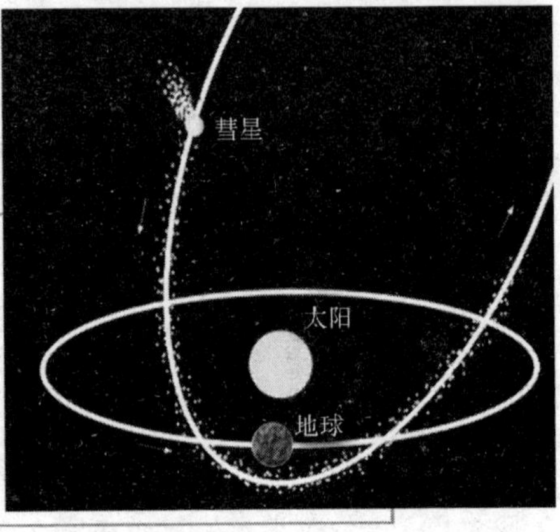

彗星的运行轨道

彗星绕太阳运动的轨道各不相同，它们绕太阳运动一周的时间也不相同。短者只要几年，长者竟达几万年。由于大多数彗星只有当它们运动到近日点附近时才能被观测到，所以确定彗星的轨道是比较困难的事情。根据彗星的轨道特性，可把它们分为短周期彗星和长周期彗星两类，此外还有一些一去不复返的彗星。周期不到200年的彗星叫短周期彗星，周期长于200年的彗星叫长周期彗星。最著名的哈雷彗星的周期是76年，周期最短的恩克彗星的周期只有3年106天。

彗星寿命有多长

彗星的现象比较复杂。彗星是由什么物质组成的呢？目前的观测还不能够完全弄清楚。从彗星的光谱分析知道，彗星主要由水、氨、甲烷、氰、氮、二氧化碳等组成。射电观测告诉我们，彗星中还有甲基氨的分子，这是太阳系早期的遗留物。

彗星的寿命有长有短，平均只有几千个自转周期。彗星每次经过太阳附近时，都被太阳辐射蒸发出一些物质形成彗尾。当彗星远离太阳时，彗尾就逐渐消失了，但其中的尘埃物质并没有缩回彗核，而是遗留在彗星的轨道上成为流星群。当地球穿过彗星轨道面时，这些由碎块和尘埃组成的流星群被地球的引力所吸引而穿越地球大气，就会形成流星雨现象。比如，在著名的哈雷彗星和恩克彗星的轨道上都有与它们有关的流星群。彗星回归次数越多，在轨道上遗留的物质也越多。这样一来，彗星的质量越来越少，到最后物质蒸发完了，彗星也就毁灭了。也有些彗星受太阳的起潮力（引力）的作用，分裂瓦解，其碎块散布在运行的轨道上。这样，我们再看到与它相关的流星雨现象时，就将是十分壮观的了。仙女座流星雨就是这种情况。仙女座流星群位于比拉彗星的轨道上，历史上早就有过多次对仙女座流星雨的记载。比拉彗星于1852年最后一次出现之后就失踪了，而此后仙女座流星雨就变得极为壮观。比拉彗星已经粉身碎骨，化为仙女座流星群。当然，也并不是所有的流星群都与彗星有关。太阳系空间中还存在一些单个的流星体，当它们闯入地球大气层后，同样也会发生流星现象。

彗星是一个“脏雪球”吗

彗星是夜空中能看到的最美丽动人的天体之一。1950年美国天文学家惠普耳提出一种看法，彗核是由尘埃和冰组成的，他把彗核比作是一座“不干净的冰山”。后来就把这一理论叫作“脏雪球模型”。当彗星飞近太阳时，含尘的冰雪球蒸发成气体和尘埃，在太阳光的照射下，气体受激发发出荧光，尘埃则反射太阳光。它们在太阳风和太阳光压的作用下，气体被甩向后方，开成长长的彗尾。惠普耳的理论是否正确呢？1986年著名的哈雷彗星又一次飞近太阳系，给验证惠普耳脏雪球模型提供了一个极好时机。苏、美、欧洲共同体、日本等先后发射了多艘宇宙飞船飞近彗星去探测它的秘密。其中欧洲空间局发射的“乔托”号宇宙飞船甚至飞到彗星气体里，到彗核附近去进行拍照和测量。结果发现

拓展阅读

氰

氰，也称氰气，是碳和氮的化合物。可用于有机合成，也用作消毒、杀虫的熏蒸剂。氰在标准状况下是无色气体，带苦杏仁气味。燃烧时呈桃红色火焰，边缘侧带蓝色。氰溶于水、乙醇、乙醚。氰的化学性质与卤素很相似，是拟卤素（或类卤素）的一种。氰气会被还原为毒性极强的氰化物。氰在高温下与氢气反应生成氰化氢。与氢氧化钾反应生成氰化钾和氰酸钾。

哈雷彗星的彗核的确不是一团散沙，而是一座含有尘埃的冰山。它的外形不是球，而是像一个长条形的马铃薯。还发现彗核外面有一个表面粗糙、颜色很黑的多孔表面层，太阳热量透过表面层传到彗核内部使冰蒸发，然后以喷流的形式从表面层逸出。惠普耳提出的彗核是个“不干净的冰山”或者说是个“脏雪球”的理论，终于得到了直接观测证据，为大多数天文学家所承认。

天空中历时最长的彗星发生在哪一年

彗星常常突如其来出现在天穹，我们肉眼能见的时间一般两三个月。但1811年出现的那颗大彗星，却从8月26日炯炯放光，一直到第二年8月17日才悄悄隐去，在人们眼前逛荡了491天。据说，当年拿破仑在侵略俄国的道路上，见到了这颗彗尾长达1.6亿千米的大彗星后，曾经兴奋一时，以为这是俄国沦亡的征兆……当然，结果总是与侵略者的愿望相反，彗星并不能为他赢得侵略战争的胜利。

肉眼可见的彗星并不多，但用望远镜观测，每年平均总可找到六七个。1970年，人们一共记下了29个彗星，成为发现彗星最多的一年。

与此相反，1948年却是无彗年，整整一年天空中找不到彗星的踪迹。

拓展阅读

甲 烷

甲烷，化学式 CH_4，是最简单的烃(碳氢化合物)：由一个碳和四个氢原子组成。在标准状态下甲烷是一无色气体。一些有机物在缺氧情况下分解时所产生的沼气其实就是甲烷。甲烷是天然气的最主要成分，是一种很重要的燃料。同时它也是一种温室气体：其全球变暖潜能为21（即它的暖化能力比二氧化碳高21倍）。

人类最早预言的周期彗星是哈雷彗星吗

以英国天文学家哈雷命名的大彗星是一颗历史资料最丰富、最享盛名的短周期大彗星，这也是人类最早算出了轨道，并准确了解周期、预言按时回来的彗星。

1705 年，49 岁的哈雷在计算 1682 年出现的大彗星轨道时，惊奇地发现，这与 1531、1607 年出现的两颗大彗星路径很为相近。他便意识到，这三颗大彗星实际上是同一颗彗星的三次出现。因而他大胆预言，这颗大彗星将于 1758 年再度回来。哈雷的预言在当时引起了轰动。后来，几个支持他的数学家考虑到大行星（主要是木星和土星）对这颗彗星的运动会有影响，又进一步做了精确的计算，把哈雷预言的时间挪后了几个月，即变为 1759 年 3 月至 5 月。

到了 1759 年春，人们无不怀着好奇的心情，一次又一次地仰望天空。果然，这颗大彗星如期地出现在人们的眼前，并在 3 月 12 日经过了近日点。哈雷的预言证实了。

彗星的“故乡”在哪里

关于彗星起源的问题，可以说是众说纷纭，到现在还没有一个比较一致的意见。

有一种意见认为，太阳系天体上的火山爆发把大量物质抛向空间，彗星就是由这些物质形成的。这类观点可以叫作“喷发说”。而另一种称为“碰撞说”的观点则认为，在很遥远的年代，太阳系里的某两个天体互相碰撞，由此产生的大量碎块物质，形成了现在太阳系中的彗星。这些假说都存在着一些难以解释的问题，很难得到大多数天文学家的承认。

关于彗星起源的假说当中，被介绍得比较多而且得到相当一部分科学家赞赏的，那就是所谓的“原云假说”。在对大量彗星轨道作统计研究的基础上，原云假说认为，长周期彗星椭圆轨道的远日点很多都是在3万～10万天文单位之间，由此得出结论，在离太阳约15万天文单位的太阳系边缘地区，存在着一个被称为“原云”的物质集团，它像一个巨大的包层那样，彗星就是由其中的物质形成的。原云往往被称为“彗星云”，又因为这个假说最早是在20世纪50年代由荷兰天文学家奥尔特提出来的，又被称为“奥尔特云”。奥尔特云就像是彗星的主要“故乡”。

人类观测到的彗星尾巴最多有几条

彗星的最大特征便是它有大小不一、形状各别的尾巴——彗尾。有的几乎是笔直的一条直线，有的宛如弯弓，有的酷似一把打开的折扇……每颗彗星彗尾的数目也各不相同：少数彗星始终没有尾巴，大多数是一彗一尾，但同时有两条彗尾的也有不少，如1941V德拉旺彗星、1957d莫尔科斯彗星等。我国史书上曾记载过，唐文宗开成二年二月丙午（公元837年3月22日），天上出现了彗星，19天后，彗星的尾巴变成了两条。据考证，这个彗星就是著名的哈雷彗星。另外从长沙马王堆汉墓中出土的一张彗星图中，也可看出我国古代人民早已记下了不少二尾、三尾、四尾的彗星了。

然而，最令人惊叹不已的却是出现在200多年前的歇索彗星。1744年3月8日和9日两天的凌晨，不少人看到有6条明亮的彗尾从东方的地平线底下升向天穹，占据的空间宽到44°之多。

趣味点击　马王堆汉墓

马王堆汉墓位于湖南省长沙市东郊东屯渡乡境内。为西汉时期长沙国丞相利苍、利苍妻子辛追及其子利狶或兄弟三座墓葬。经发掘，发现一具保存完好的女尸和极具科学、史料和研究价值的众多随葬品，成为1972年中国十大考古发现和世界重要的考古发现而闻名。其出土文物现已全部移入湖南省博物馆，博物馆内辟有马王堆汉墓陈列馆，分为墓葬出土文物陈列和墓坑遗址陈列两大部分。

天际一圈才不过360°，所以它差不多占了八分之一。遗憾的是，歇索彗星的头部却始终在地平之下，不肯露面。

最亮的彗星是什么时候出现的

我们知道，彗星只有回到近日点附近时，才有可能被人类用肉眼看见。有些彗星甚至在最近时也非得用望远镜不可。据统计，从19世纪到现在，引人瞩目的大彗星不过20多个，即平均八九年才有一颗肉眼可见的彗星。

“1861Ⅱ”是1861年6月出现的一颗大彗星，到6月30日晚间，其亮度足以与明灿灿的金星比高低。几天之后，它的扇形尾竟长达118°之多。它那云状的核在望远镜内清晰可见。

但如果与1680年的大彗星相比，它就相形见绌了。据记载，1680年的那颗彗星，最亮时的光度竟达到－18等。我们知道，中秋的皓月，也只不过相当于－12.6等，这颗彗星比100多个满月的月光还明亮！它的出现，使当时的许多人惴惴不安。

比拉彗星最后瓦解为流星雨了吗

比拉彗星是一个奥地利军官在1826年2月27日发现的彗星。

1846年，比拉彗星出现了奇迹：1月13日，就在众目睽睽之下，它却像医生显微镜下的细菌那样分裂了。开始的分裂物又暗又小，但却不断地长大，不久它们俨然成了一对“双胞胎”。一星期后，这两颗都有自己彗核、彗尾的姐妹彗星之间已经相距24万千米。及至1852年它们双双比翼回来时，两者的距离又大了10倍多。1859年归来的时候，因为它们与太阳的角距太小而无法观测，可是谁知它们竟从此在天空中神秘地消失了！

1885年11月27日，人们仍然看到了壮观的流星雨，只是规模小了些。由此天文学家们一致认为，这几次出现的流星雨，正是那颗分裂了的比拉彗星的

"遗体"，它们已全部瓦解为细微的千千万万颗"流星体"了。

知识小链接

比拉彗星

比拉彗星是一颗已消失的短周期彗星，它以一位奥地利业余天文学家来命名。1772年，法国天文学家梅西尔首度发现该彗星，到1826年2月，彗星通过近日点，由奥地利人比拉再度发现，并且计算出轨道及其公转周期6.6年。这是第三颗有记录的周期彗星。1846年，该彗星被发现分裂为两块碎片，分别有各自的彗发和彗核。1852年仍可以找得到，之后则再也找不到其踪影。1872年11月27日，在仙女座的位置上，出现了壮观的流星雨，被认为是比拉彗星的残骸。仙女座流星雨在19世纪每年仍可见到，但现在已变得微弱，几乎不可见。

卫星最多的行星是木星还是土星

在太阳系的八大行星中，只有2个内行星——水星和金星没有卫星，地球有一个卫星，其他行星的卫星都有2个以上。卫星最多的是2颗最大的行星即木星和土星。土卫的数目已发现22个，木卫则达到了18个。

土星的许多新卫星都在其光环中。而现在知道，土星的光环数有成千上万，望去就像一张巨大的密纹唱片。

土卫系统更加复杂有趣，有几颗卫星占着同一轨道，有的组成像特洛伊群小行星那样的正三角形，有两颗卫星时常你追我赶，擦肩而过。这些现象给天文学家出了许多难解的课题，要科学地解释它们可不是件容易的事情。

探天仪器及探天活动

QINGSHAONIAN BIZHI DE TIANWEN ZHISHI

人类对宇宙的探索经历了漫长而艰辛的过程。在蒙昧时代，人类只能靠肉眼来观测有限的天空。人类对宇宙的第一次探测是由望远镜开启的，始于天文学家首度开始绘制这些因光度暗淡而肉眼看不见的天体之际。

科学技术的进步推动了天文学的发展，而人们的探索欲望又促使更新的探测仪器和更高级的探测活动的出现。随着火箭技术的成熟，人们开始向太空发射一个又一个的飞行器来探寻更远的天体。

从进入太空时代，许多的探测都是各国的太空机构所组织和执行的无人太空船探测任务。第一个进入太空的人是苏联的太空人尤里·加加林，于1961年4月12日搭乘东方一号升空。第一个在地球之外的天体上漫步的是美国宇航员尼尔·阿姆斯特朗，它是在1969年7月21日的阿波罗11号任务中，于月球上完成的。第一个空间站是前苏联的礼炮1号。

2003年10月15日，杨利伟乘坐的神舟五号飞船在震天撼地的轰鸣中腾空而起，划开了中国一个崭新的航天时代。

天文台的观测室为什么要建造成圆顶结构

一般房屋的屋顶，不是平的就是斜坡形的，唯独天文台的屋顶与众不同，远远看去，银白色的圆形屋顶好像一个大馒头，在阳光照耀之下闪闪发光。

为什么天文台要造成圆顶结构呢？难道是为了好看吗？不，天文台的圆顶完全不是为了好看，而是有它特殊的用途。

将天文台观测室设计成半圆球形，是为了便于观测。在天文台里，人们是通过天文望远镜来观测太空，天文望远镜往往做得非常庞大，不能随便移动。而天文望远镜观测的目标，又分布在天空的各个方向。如果采用普通的屋顶，就很难使望远镜随意指向任何方向上的目标。天文台的屋顶造成圆球形，并且在圆顶和墙壁的接合部装置了由计算机控制的机械旋转系统，使观测研究十分方便。这样，用天文望远镜进行观测时，只要转动圆形屋顶，把天窗转到要观测的方向，望远镜也随之转到同一方向，再上下调整天文望远镜的镜头，就可以使望远镜指向天空中的任何目标了。

天文台

天文台为什么大多设在山上

天文台主要是进行天文观测和研究的机构，世界各国天文台大多设在山上。

天文台的主要工作是用天文望远镜观测星星。天文台设在山上，是因为山上离星星近一点吗？

不是的。

星星离我们都非常遥远。一般恒星离我们都在几十万亿千米以外，离我们最近的天体——月亮，距离地球也有38万多千米。地球上的高山一般只有几千米高，缩短这么一小段距离，显然是微不足道的。

地球被一层大气包围着，星光要通过大气才能到达天文望远镜。大气中的烟雾、尘埃以及水蒸气的波动等，对天文观测都有影响。尤其在大城市附近，夜晚城市灯光照亮了空气中的这些微粒，使天空带有亮光，妨碍天文学家观测较暗的星星。在远离城市的地方，尘埃和烟雾较少，情况要好些，但是还不能避免这些影响。

越高的地方，空气越稀薄，烟雾、尘埃和水蒸气越少，影响就越小，所以天文台大多设在山上。

为什么在海底也能建造“天文台”

海底天文台的出现，为我们打开了探测宇宙的另一个窗口。

在宇宙空间，有一种奇特的基本粒子叫中微子。科学家从预言它的存在到真正捕获它，整整花了30年的时间。中微子是一种不带电的中性粒子，它的质量要比电子小得多，却具有极大的穿透力，可以穿透任何物质，甚至从地球的这一头穿到另一头。

天文学家非常看重这小小的中微子，那是因为它携带着来自宇宙天体的信息。可是，我们要在太空中或是地球表面的大气层中捕获它真是太难了。于是，科学家根据中微子的特点，将搜寻、观测中微子的装置移到了地底下和海底，利用地表的岩石和海水阻隔来自宇宙的其他粒子，从而密切注视中微子，并设法捕获它。

最早的星表和星图出自我国吗

把恒星在天上的方位和亮度记录下来，这就成为星表。若将它们的位置标在图上，便成为星图。正如旅行家离不开地图一样，星图也是天文工作者的必备工具。

距今2300年左右的战国时期，楚国的甘德写了《星占》八卷，魏国的天文学家石申写了《天文》八卷，后来有人把这两部著作合起来称为《甘石星经》。这是我国最早的一部星表，也是世界上最早的星表。《甘石星经》里共记载了800颗恒星，其中标明位置的有120颗。

1800多年前东汉的天文学家张衡所绘的星图，在《唐书》里有记录，但可惜原图也没有被传下来。苏州现在保存着一块南宋（1247年）的石刻星图，这仍然是世界上最古老的星图。这块石刻星图由上、下两部分组成。上半部为一圆形的全天星图，星图直径达91.5厘米。全图共刻有恒星1400多颗，并刻有银河带、天赤道、黄道等。下半部为文字说明，简略地刻着天文基础知识。这一珍贵资料，已被列为全国重点保护的文物之一。

为什么天文学家要用望远镜观测星空

我们经常用“繁星点点”、“数不胜数”来形容天空中星星数量的繁多。其实，我们肉眼能够看见的星星并没有想象的那么多。天文学家已经详细计算过，全天空中，凭肉眼能看见的星星，总共只有6974颗。这只是宇宙中星星的极少极少的一小部分。还有许许多多遥远的天体，它们射到地球的光线很弱，用肉眼是看不见的。虽然我们平时认为眼睛很灵敏，并且对位置的判断也相当准确，但对天文学家来说是远远不够的，眼睛常常会被错视现象所“欺骗”。因此，天文学家在研究宇宙时，需要借助仪器来获得天体的精

拓展阅读

《甘石星经》

《甘石星经》，中国古代的天文学专著和观测记录，是世界上现存最早的天文著作。中国在春秋战国时期天文学已发展，在这一时期出现了一大批天文学专著和关于天文的观测记录用以皇帝星占之用。其中楚国的天文学家甘德著有《天文星占》八卷，魏国的天文学家石申著有《天文》八卷，后人将这两部著作合为一部，取名为“甘石星经”，是世界上最早的天文学著作；原著已散佚，现只能在同期之相关史籍中零碎抄录，如《开元占经》中。

确数据。

17 世纪初，光学天文望远镜的诞生，大大开阔了人们的眼界，为天文学带来了巨大的变革。由于人眼的瞳孔只有 2 ~ 8 毫米，而望远镜的口径比这大得多，因此，望远镜收集到的星光比人眼收集到的多得多。通过望远镜观测星空，遥远的天体变近了，变亮了。一台 10 米口径的光学望远镜，比我们肉眼接收到的星光要多上百万倍，由此可见望远镜的巨大威力。不仅如此，天文学家还在望远镜上连接了照相机、电子接收设备或光谱仪等，使得灵敏度有更大的提高，可以获得有关天体的更多的信息。

伽利略用这架望远镜观测天空

望远镜为什么越做越大

只要使用一台普通的天文望远镜观测浩瀚的星空，你就会发现，宇宙原来是那么色彩斑斓，充满着梦幻般的无穷变化。你不仅可以看到月球上的环形山，还可以看到土星亮丽的光环。如果使用更大的望远镜，你将会看到银河系内外遥远的多彩星云和星系。古人道：“欲穷千里目，更上一层楼。”对天文学家来说，想要探索遥远的天体，使用尽可能大的天文望远镜是必不可少的。

望远镜的大小通常是指它的通光口径，也就是物镜的直径大小。口径越大，收集天体辐射就越多，聚光本领就越强。因此，口径大的望远镜能观测到更远、更暗的天体，它反映了望远镜观测天体的能力。另一方面，望远镜的分辨本领是由望远镜的角分辨的倒数来衡量的，角分辨是指望远镜刚刚能分开两个天体（或一个天体的两部分）像的张角。高分辨本领是望远镜最重要的性能指标之一。在良好的天文台址的条件下，口径越大，望远镜的分辨率越高，能观测到的天体就越多。这就是为什么天文学家要不遗余力地建造越来越大的望远镜。

第一架天文望远镜是什么样子

据说早在1300年，意大利就出现了凸透镜的远视眼镜，1450年又出现了凹透镜的近视眼镜。17世纪初，荷兰眼镜商里普希的一个学徒无意中发现，一组凹凸透镜可以使高高教堂上的风标变得近在眼前，于是这种“幻镜”立即成为贵族太太、小姐们手中的珍奇玩物。里普希很有远见，他造了一架望远镜献给政府。据说这些望远镜后来使得荷兰海军在抗击强大的西班牙舰队的苦战中反败为胜。

1609年5月，望远镜的消息传到了意大利，热心科学研究的伽利略马上想到把它用于科学探索。他在一天之内就制成了一架能放大3倍的土望远镜，但这只能观赏远景。伽利略并不气馁，几经努力，终于在年底前造出了一架口径为4.4厘米、长1.2米、能放大33倍的当时最好的天文望远镜。

当然，今天看来，这架望远镜简陋得简直可笑：它只是一个圆筒，前头放一片凸透镜，后面置上一块凹透镜，除了少不了的支架外，再也没有其他什么附属设备了。但当这第一架天文望远镜指向天空时，却为我们开创了天文学的新世纪，使人类在认识宇宙的征途上向前迈进了一大步。

最大的折射望远镜是哪国制造的

伽利略1609年制成的第一架天文望远镜，就是一架折射望远镜。前面用一块凸透镜做物镜，后面的目镜是一块凹透镜，这样观测到的像与实物一致，是正像。现在观剧用的望远镜就是这种伽利略望远镜。后来开普勒提出用凸透镜做目镜，这样有利提高放大倍数，但观测到的像与实物上下颠倒了，是倒像。好在对于天文观测来说，正像倒像都是无所谓的，所以从 17 世纪中叶以来，天文望远镜一般都采用这种开普勒式。

广角镜

目　镜

目镜，又称接目镜，通常是一个透镜组，可以连接在各种不同光学设备上，像是望远镜和显微镜的后端。所以如此命名，是因为当设备被使用时，它常是最接近使用者眼睛的透镜。物镜的透镜和面镜收集光线并引导至焦点生成影像；目镜被安置在焦点，主要的功能是放大影像，放大的倍率则与目镜的焦距有关。

望远镜能看到的星有多少，主要看望远镜前面这块物镜的直径大小（称口径），因此随着科学技术不断发展，望远镜的口径越做越大。1888 年，美国里克天文台装备了口径 91 厘米的折射望远镜；1897 年，美国叶凯士天文台装备了造价 349000 美元、口径 102 厘米的折射望远镜，其镜筒长达 18.6 米；1900 年，法国曾造出过一架长 54 米、口径为 125 厘米的折射镜，可惜它成像不佳，无法使用，故不久悄然隐退了。现在世界上最大的折射望远镜仍是里克和叶凯士的那两架。

第一架反射望远镜是谁制造的

折射望远镜不仅镜筒很长，使用不便，制造巨大的光学玻璃也十分困难，口径很难进一步扩大。还有一个严重的缺点是它常有严重的色差现象，使得被放大的物体周围产生一圈彩虹似的“花边”，这样就得不到高质量的天体光谱。因此第一架天文望远镜问世不久，就有人开始了反射望远镜的研制工作。

牛顿制造的第一架反射望远镜

第一架反射镜是英国著名科学家牛顿设计制造的，时间是1668年。顾名思义，反射镜是靠镜面反射光的，所以凹面的物镜放在望远镜的后面。牛顿建造的反射镜面是一块金属，面积很小，直径只有2.5厘米，全长15厘米，但却可放大40倍。

现代的大反射望远镜常常省去了镜筒部分，而且镜面也改用普通玻璃，再镀上一层铝膜制成的，这样可减轻望远镜的自重，把它做得更精致一些。

最大的反射望远镜是哪个国家的

随着天体物理研究的进展，反射镜也越做越大。18世纪赫歇尔的“巨炮”（口径1.22米）是当时之冠。到1845年英国又造出了口径1.84米的更大的反射镜。这架望远镜全长达17米，仅这块反射镜玻璃便重3.0吨，真不愧是个庞然大物。

但人们并不满足，1917年美国已造出了口径100英寸（2.54米）的反射镜。1923年则开始筹建200英寸（直径5.08米）的反射镜。这个空前的巨型望远镜，一直到1948年6月3日才在美国帕洛玛山天文台举行落成典礼，并交付使用。

5米望远镜之大超过了人们的想象：玻璃坯浇制后花了10个月时间才冷却下来。为了磨成设计好的形状，仅研磨的磨料就用去31吨，而磨掉了5吨玻璃屑后还重14.5吨！整个望远镜的可动部分重量为530吨！

5米望远镜有着巨大的威力，它可以觉察到3万千米外的一支残烛。它交付使用后，有很多出色的新发现。

1976年，苏联在高加索安装了总重946吨、口径为6米的反射镜。虽然这是现在的“世界之最”，但它的设计不太合理，后来又发生塌陷等严重问题，故在天文界几乎没有建树什么足以称道的业绩。

最大的太阳望远镜是美国制造的吗

为了详细地观察和研究太阳，要求望远镜呈现的太阳像又大又亮，即分辨的细节越小越好。而望远镜的分辨本领是与它的焦距成正比的，故要求把望远镜的焦距做得尽可能长，但是焦距太长使用很不方便。1904 年，美国的海耳设计出一架水平式太阳望远镜，利用平面镜的反射巧妙地解决了这一矛盾。

后来发现，这种水平式的太阳望远镜会受到地球大气抖动的影响，难以得到高清晰的太阳像，而如果让太阳光在竖直方向传播，这种影响就会大大减小。1908 年海耳又首先在美国威尔逊山天文台设计建造了第一架竖直式（塔式）太阳望远镜，即太阳塔，此塔高 18 米。

最大的太阳望远镜装备在美国亚利桑那州的国立天文台，完成于 1962 年。它的主镜塔式太阳望远镜口径 208 厘米，成像镜口径 152 厘米，焦距几乎达 100 米。所成的太阳像的直径有 84 厘米，与饭桌桌面差不多。

第一个发现宇宙射电的人是谁

人们自古以来只用肉眼观测研究天体。谁也没有想到，这些天体还会像电台那样发射无线电波。最早窥破其秘密的是美国贝尔电话实验室的一位年轻无线电工程师——央斯基。

央斯基生于 1905 年，23 岁时进入贝尔电话实验室工作，专门负责搜索和鉴别电话的干扰信号。1931 年，他在设法排除电话中的天电干扰信号时，偶然发现了一种十分微弱但又十分稳定的噪声，而且它的最大值出现周期与地球的自转周期相同，正好为 23 小时 56 分 04 秒。他经过 1 年多的研究，断言这种无线电辐射来自银河系的中心。由此，央斯基成为射电天文学的创始者和奠基人。

什么是射电望远镜

射电望远镜是由一个有方向性的天线和一台灵敏度很高的接收机组成的。

天线所起的作用好像光学天文望远镜的透镜或反射镜，它把天体发出的无线电波会聚起来。接收机的作用就像我们的眼睛或照相底片，它把天线所收集起来的无线电波经过变换、放大后记录下来。

射电望远镜受地球大气的影响较小，可以不分昼夜地进行观测。现代的技术使我们能制造直径比光学望远镜大得多的天线。目前，世界上最大的全可动射电望远镜的天线直径达100米，利用射电望远镜能使我们观测离我们100亿光年以外的天体。

我国最大的射电望远镜

有许多天体发射无线电波的能力，比发射光波的能力大得多。例如有名的“天鹅座A”射电源，它发射无线电波的能力要比太阳强100亿亿倍。因此不少遥远的用光学望远镜无法看到的天体，有可能被射电望远镜发现。

另外，在宇宙空间有不少的尘埃云，它们使遥远的天体所发出的光线大大减弱。而天体所发出的无线电波，由于它的波长比光波长得多，受这些尘埃物质的影响也就小得多。

由于这些原因，就使得射电望远镜能充分发挥它强大的威力，使我们能利用它发现更遥远、更暗弱的天体，探索宇宙深处的奥秘。

最早使用的射电望远镜是由谁制造的

射电望远镜有两大优点：它可透过光穿不过的云层，甚至不怕雨雾的阻挡，所以原则上它是“全天候”的仪器，可不分晴雨昼夜使用；它能收到极微弱的辐射，比大光学望远镜看得更远。因此它初露头角，就做出了不凡的成绩。尤其在20世纪60年代，天文上的“四大发现”都是它的功绩。

第一台正式用于天文上的射电望远镜是美国无线电爱好者雷伯在1937年制成的。他花费了很多时间和金钱，克服了许多困难，终于获得了成功。

这台望远镜的接收天线是个抛物面，直径9.45米。雷伯将它放在他家的后院里。它诞生后不久，就身手非凡，为人类发现了好几个宇宙射电源（发出无线电波的天体）。1939年春，雷伯用这架望远镜获得了第一张我们银河系的无线电强度分布图。

最大的射电望远镜是由火山改造的吗

射电天文诞生不久，许多国家就卷入了第二次世界大战，直到战争结束，这门学科才逐渐发展起来。最初的射电望远镜虽然灵敏，可是分辨细节的本领不大。为了提高这种分辨本领，就要求制造尽可能大的天线。

然而建造庞大的天线又谈何容易！除了巨额的资金外，要把圆盘状的抛物面天线做得十分巨大，工艺上也有很多难以克服的困难。于是，科学家想到了一些死火山的喷口。这种火山口与抛物面形状相去不远，是否可加利用呢？

20世纪60年代中，美国就有人做了大胆尝试。康奈尔大学的天文王作者，将波多黎各的一个死火山喷口加以修整，制成一个抛物面，然后在上面

广角镜

第二次世界大战

第二次世界大战是一次自1939～1945年发生的全球性军事冲突，涉及全球大多数国家——包括所有大国——最终分成两个对立的军事同盟：同盟国和轴心国。这次战争是在历史上最广泛的战争，动员超过1亿军事人员参与。在全面战争状态时，主要的参战国几乎将全国的经济、工业和科学技术应用于战争上，并将民用与军用资源合并。从有记录的涉及大规模的民众死亡事件，包括大屠杀和广岛市、长崎市原子弹爆炸，可知约有5000万～7000万人死亡，是人类历史上死亡人数最多的战争。

铺上了一层金属覆盖物，变成了一具巧夺天工的射电望远镜。这台射电望远镜的直径为 305 米，绕四周走一圈有 1 千米的路程。这是当代世界上最大的射电望远镜。

人类发明了哪些航天器

航天器分为载人航天器和无人航天器。无人航天器主要有两大类：一类是大家所熟悉的人造卫星；另一类是空间探测器。

人造卫星是航天器中最庞大的家族，它的数量占航天器总数的 90%。

应用卫星是人造卫星中的主要成员，它们的数量最多，占卫星总量的四分之三，包括气象卫星、通信卫星、导航卫星、侦察卫星、地球资源卫星等。

空间探测器是对月球和其他行星进行逼近观测或直接取样探测。所以，空间探测器要以比人造卫星更大的速度，摆脱地球引力的束缚，实现深空飞行。

载人航天器包括宇宙飞船、航天飞机、空间站、轨道间飞行器。

宇宙飞船是世界上最早发明的载人航天器，它属于一次性使用的航天器。宇宙飞船可以像卫星那样绕地球运行或登月飞行。宇宙飞船还担负着一项特殊的任务，就是充当空间站与地球间的往返运输器。

航天飞机外形像一架大型飞机。它靠火箭发射，利用无损滑翔返回地面，所以可以重复使用。

空间站是一种长期停留在太空的大型航天器，可供多名航天员在那里长期居住和工作。空间站里面具有一定的生产和实验的条件。

轨道间飞行器是从空间站到其他航天器，或从空间站到不同轨道位置空间站的载人运输工具。

最早的火箭是我国制造的吗

火箭技术是现代科学的尖端之一，需要许多门科学技术的互相配合。可是，你大概想不到，早在1700年前的三国时代，就有曹操的部队使用火药推动的原始火箭来阻挡诸葛亮人马的传说了。有确切文字可证明的第一枚火箭，是公元969年宋初制成的。到了13世纪的元代，火箭已成为我国战争中的一种“常规武器”了，而那时候，欧洲人刚刚才知道世界上还有黑火药这种玩意儿。

现代火箭的出现则是20世纪的事，第一次试验是1926年3月16日在美国马萨诸塞州的荒野里进行的。在雪地上，发明者戈达特博士点燃了一枚使用液体燃料的现代火箭，只听得它“轰”的一声，火箭腾空而起，但它的最大高度只有12.3米，飞行的距离不过55米，还没有一个足球场长。

把火箭作为导弹武器用于现代战争中，则已是第二次世界大战末期的事情了。德国法西斯为了挽救其覆灭的命运，曾向英国首都伦敦发射了8000枚秘密武器——V-1型火箭。这种原始导弹很像一架无人驾驶飞机，长8米，翼展5.5米，总重6吨，但其中的燃料却差不多有5吨。V-1火箭的射程不过240千米，时速也只有560千米，比当时的飞机快不了多少。

第一颗人造地球卫星是苏联发射的吗

1957年10月4日，地球上空出现了有史以来第一颗人造“小月亮”。苏联发射的这颗人造卫星，是一个铝合金做的圆锥体，直径为58厘米，拖有4根长“辫子”——无线电天线，总重量为83.6千克。它绕地球一圈的时间是96.17分钟。这颗人造卫星在空中飞行了100天，于1958年1月14日坠入稠密的大气层烧毁。而它上面的无线电设备仅工作了24个昼夜。

我国第一个人造卫星——东方红1号

我国发射的第一颗人造卫星是东方红1号。发射时间是1970年4月24日，卫星的重量是苏联第一颗卫星的2倍——172.82千克，绕地球的周期是114分钟，近地点的高度为441千米，估计它的寿命是100年。

最亮的人造卫星是什么卫星

在天空遨游的2000多颗人造卫星中，只有极少数是肉眼可见的。这是因为它们一般都较小，又离地面很远。但也有比较亮的。其中最亮的两颗卫星，光度可与织女星媲美，那就是美国用于超短波通讯的“回声”号卫星。这是一种无源（没有电源来放大讯号）无线电中继卫星，一共发射了3颗。它们的外壁是很薄的聚酯树脂塑料套组成的，外面还有一层牢固的铝膜，铝膜的厚度是0.0022毫米，只有普通报纸厚度的三十二分之一。这层极薄的铝镀层，使98%的无线电波都能反射出去，反射光的效率也达95%以上，加上它们离地面也不算太高（1000千米），因此在天空中显得特别明亮。

寿命最长的人造卫星是什么卫星

人造卫星的寿命相差悬殊，因为它基本上取决于轨道设计师的意图。如果轨道离地面较近，大气的阻力使它不断减速，最后必然落入底层大气而焚毁。例如，苏联1964年3月27日发射的“宇宙27号”卫星，因为近地点还不到200千米，所以在轨道上只运行了1天时间。在2000多颗卫星中，寿命最长的是美国1970年4月8日发射的两颗军用卫星——“核爆炸检测卫星”11号和12号，它们与地球最近时也有11万千米以上——相当于到月球路程的三分之一，所以估计若无“飞来横祸”（如与陨石相碰），则可

拓展阅读

树　脂

树脂是一种来自多种植物、特别是松柏类植物的烃类的分泌物。因为它特殊的化学结构，以及可以作为乳胶漆和胶合剂等材料使用，因此被重视其价值。它是多种高分子化合物的混合物，所以有不同的熔点。树脂可分为天然树脂和合成树脂两种。其本身只有天然树脂这一种，但随着化工的发展，有很多由人工合成的聚合物产生，当中有些聚合物的化学性质及物理性质会和天然树脂很相似，因此，聚合物会被称为合成树脂。

存在 100 万年！

怎么知道人造卫星在按预定的轨道运行

在太空工作的人造卫星和各种各样的航天器，都能在预定的轨道上运行。它们就像地面上的行人和车辆各走各的路一样，都有自己的运行轨道。尽管它们的轨道各不相同，但是，也像我们要遵守交通规则一样，也必须“遵纪守法”，那就是它运行轨道的平面，必须通过地球的中心。

如果它的轨道呈圆形，地心就是它的圆心；如果它的轨道是椭圆形的，那么，地心就位于椭圆的一个焦点的位置。

大多数的卫星在发射入轨时，速度往往稍大于第一宇宙速度，所以它们的轨道大多是椭圆形的。就像地球和太阳之间有近日点和远日点一样，卫星和地球的距离也是有时近有时远。人们把轨道离地面较近的一点叫“近地点高度”，把离地球最远的一点叫“远地点高度”。

人造卫星除了具有绕地球运行的固定轨道以外，还有一个重要的参数，那就是轨道的倾角。它是指卫星轨道平面和地球赤道面之间的一个夹角。

根据这个夹角的大小、轨道的近地点和远地点，世界各国的天文台就可以跟踪和计算出这颗人造卫星的运行，告诉我们这颗卫星什么时候在什么方位，看看它是否在预定的轨道上运行。

卫星可以从飞机上发射入轨吗

发射卫星，除了主要从地面使用火箭外，近年来也开始利用飞机来发射卫星，就是先把携带卫星的小型火箭用飞机送上一定高度，再启动火箭把卫星送入预定轨道。

从空中发射卫星具有很多优点。首先是发射费用低，至多为地面发射的三分之二。这是因为火箭已在空中从母机获得了一定的初速度和高度，因而节省了许多昂贵的燃料。其次是发射的准备时间短，小型火箭通常只需几名技术人员花上两周时间就够了。再有，空中发射不需要有设备齐全的地面发射基地，也不会受到“发射窗口”、地面设备维修等的制约，随时可以从世界上任何一个机场起飞发射，而用户也可灵活地选择卫星的目标轨道。

当然，在空中发射卫星也有局限性。主要是卫星不能太重，卫星的轨道不能太高，这是由于受到母机运载能力和飞机飞行高度的限制。如用航天飞机，则可弥补这两点不足。

人造卫星是怎样返回地面的

跟卫星上天相反，卫星返回是一个减速的过程。为了可靠地回收，通常把需要返回的物品和在返回过程中需要工作的设备，集中在一个称为返回舱的舱体里，而无需返回的部分则在返回过程中提前抛掉，让其在大气中烧毁。

知识小链接

降落伞

降落伞，在航空科学技术中，是主要由透气的柔性织物制成并可折叠包装在伞包或伞箱内，工作时相对于空气运动，充气展开，使人或物体减速、稳定的一种气动力减速器。它通常有一个面积很大的伞盖，可以产生很大的空气阻力。下落的人或物体通过绳索与伞盖相连。降落伞可以保证在空中下落的人或物体的安全。降落伞是空降兵的重要装备。利用降落伞，人们还可以控制下降的方向，保证降落地点的准确性。

为了确保返回舱从太空轨道上安全返回地面，必须突破以下五大难关：①调整姿态关，先要把卫星从其在运行轨道的姿态准确地调整为返回姿态，并保持其稳定；②制动关，按时点燃制动（反推）火箭，使卫星脱离原来的运行轨道，让返回舱进入预定的返回轨道；③防热关，卫星在进入地球大气后，空气摩擦使卫星表面温度高达 1000℃以上，因此不仅要保证返回舱在高温下不被烧毁，还要让舱内温度保持在仪器能工作的最高温度以下；④软着陆关，利用降落伞和回收系统，使返回舱在大气层较低高度范围内用很低的速度（约 10 米/秒）着陆，保证回收物品的完好无损；⑤标位及寻找关，要及早准确地预报和测量出返回舱的落点位置，使回收区的工作人员尽快发现返回舱，以尽快开展回收作业。

绳系卫星有什么用途

绳系卫星，顾名思义，它是一种用绳子系在其他航天器上的卫星。用一根长长的绳索，将卫星系在航天器上，一起绕地球飞行。

绳系卫星有许多特别的用途，如对离地面约 100 千米的地球上空进行充分的探测。因为在这个高度上，飞机飞不到，气球也很难达到，而卫星的下界一般也在 150 千米以上，探空火箭所探测空域和时间则非常有限。如果在其他航天器下拴一个卫星，拖着它在离地面约 100 千米的高度上绕地球运行，就可以收集那里的大气层数据，了解太阳活动如何通过高、中层大气影响地面的气候和天气变化的机理等。

如果绳系卫星的系绳用导电材料制造，它就是一种探测器，可以获得许多有关电离层磁场的信息数据。此外，系绳在运动中不断切割地球的磁力线，它就成了一台发电机，这样，就可以为绳系卫星和牵引它的航天器（特别是航天飞机和空间站）提供电力，为长期在太空中运行的航天器提供部分能源。

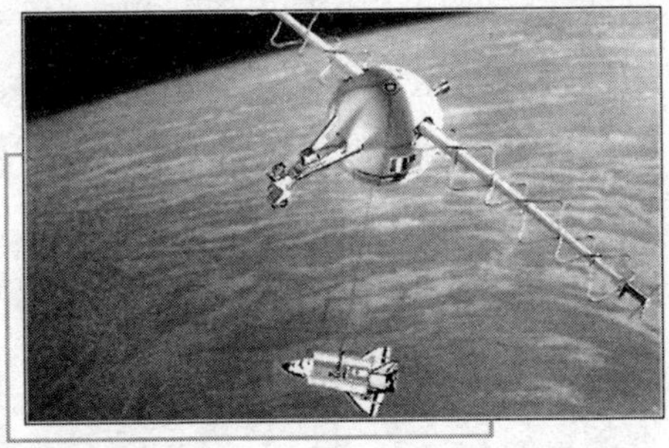

绳系卫星

气象卫星是怎样工作的

气象卫星按其运行的轨道可分为两大类：极轨气象卫星和静止气象卫星。

极轨气象卫星因其运行轨道每绕地球一周都要穿过南北两极而得名。它的轨道近圆形，高度在700千米~1000千米。这种卫星每绕地球一圈，可观测的地面范围东西宽度为2800千米，绕14圈可覆盖地球表面一次。但它对某一地区每天只能进行2次气象观测，间隔时间为12小时。其优点是可获得全球的气象资料，缺点是因地球自转，云图资料不连续。

静止气象卫星在地球上空3.6万千米的赤道平面上，因绕地球转动的速度与地球自转的速度相同，因而相对地球是静止不动的。它每半小时就能产生一幅占地球面积近1亿平方千米的天气资料图。其优点是资料可适时送到地面，能连续不断地观测同一地区，不足是一颗卫星只能观测地球的三分之一面积，对高纬度地区（大于55°）的气象观测能力较差。

两种气象卫星用途各异，功能不同，各有长短，不能互相替代，但可以互相补充。如把这两种卫星结合起来，就能构成理想的气象卫星体系。

气象卫星上面安装的遥感仪器，接收来自"地球-大气系统"的各种辐射，并将所获取的资料转变为电信号，通过发射机传递到地面接收站，经计算机处理后，得到大气温度、湿度的垂直分布，大气中高层水汽分布，臭氧的分布与含量

拓展阅读

遥　感

遥感是指用间接的手段来获取目标状态信息的方法。一般多指从人造卫星或飞机对地面观测，通过电磁波（包括光波）的传播与接收，感知目标的某些特性并加以进行分析的技术。遥感的最大优点是能于短时间内取得大范围的数据，讯息可以图像与非图像方式表现出来，以及代替人类前往难以抵达或危险的地方观测。遥感技术主要用于航海、农业、气象、资源、环境、行星科学等各领域。

等参数，同时获取可见光云图、红外云图和水汽图像等资料，这些就是我们在电视上所看到的卫星云图。

知识小链接

卫星云图

卫星云图是以气象卫星之仪器拍摄大气中的云层分布，来寻找天气系统并验证地面天气图绘制的正确性。除此之外还可以用来观测海冰分布、确定海面温度等与中长期天气预报相关的海洋资料。此技术为可在单一影像上显现各种尺度天气现象，对天气分析与预报提供非常有助益的遥测资料。大致而言，卫星云图可分为红外线卫星云图、可见光卫星云图以及色调强化卫星云图。

什么是光子火箭

光子，就是构成光的粒子。当它从火箭的尾部喷出来的时候，就具有光的速度，可以达到30万千米/秒。如果用光子来作为火箭的推力，我们到达太阳的近邻——比邻星就只要4～5年的时间！

可是，光子火箭的设想还只是停留在理论上，制造它的困难在于它的结构。

我们已经知道，原子是物质化学变化中最小的微粒，原子又是由带正电的原子核和围绕原子核运动的带负电的电子组成的。原子核由带正电的质子和不带电的中子组成。质子、中子和电子还可以分成许多微小的粒子，如中微子、介子、超子等等。

科学家还发现，宇宙中还存在着和这些粒子对应的、电荷相等而符号相反的粒子，如带正电的“反电子”、带负电的“反质子”等，这些粒子被称为“反粒子”。科学家预言，在宇宙空间还存在着“反粒子”组成的“反物质”，当粒子与“反粒子”、物质和“反物质”相遇的时候，就会发生毁灭，同时就会产生大得惊人的能量：500克的粒子和500克的“反粒子”毁灭，所产生的能量就相当于1000千克铀核反应时释放的能量。

如果我们把宇宙中存在的丰富的氢收集起来，让它和其“反物质”在火箭发动机内毁灭，产生光子流，从喷管中喷出，从而推动火箭，这种火箭就是“光子火箭”，它将达到光的速度，以30万千米/秒的速度前进。

什么是空天飞机

空天飞机是一种正在研究的飞行器，它的全称叫航空航天飞机。顾名思义，它既可航空，在大气里飞行；又可航天，在太空中飞行，是航空技术与航天技术高度结合的飞行器。

美国在1981年研制成功了航天飞机，成为航天发展史上的一个重要里程碑。但是，航天飞机仍存在着许多不足，主要是维护复杂、费用昂贵和故障经常发生等。而空天飞机与航天飞机相比，则更多地具有飞机的优点。它的地面设施简单．维护使用方便，操作费用低，在普通的大型机场上就能水平起飞和降落，就连它的外形也酷似大型客机。它以液氢为燃料，在大气层内飞行时，充分利用大气中的氧气。加之它可以上万次地重复使用，真正实现了高效能和低费用。

什么是航天遥感技术

任何物体都有不同的电磁波反射或辐射特性。航天遥感技术就是利用安装在航天器上的遥感器，来感测地物目标的电磁辐射特点，并将其记录下来，进行识别和判读。遥感器主要有两种，一种是胶片型的，一种是传输型的。

胶片型遥感的资料需要将航天器（如返回式卫星）回收下来，再对胶片进行冲洗判读，破译各种信息资料；而传输型遥感则不同，它不需要回收航天器，而是将遥感资料通过电波不间断地传到地面，当装有遥感器的航天器经过有接收站的上空时，地面接收站对航天器发射的电波信号加以捕捉和接收。航天遥感分辨率已由最初的几十米、十几米发展到现在的1米以内。

航天遥感能从不同高度、大范围、快速和多光谱段地进行感测，获取大量信息。航天遥感还能周期性地得到实时地物的资料，因此航天遥感技术在国民经济建设和军事抗争等很多方面，都获得了广泛的应用。例如应用于气象观测（气象卫星）、资源考察（资源卫星）、地图测绘（测地卫星）和军事侦察（侦察卫星）等等。

为什么要把哈勃望远镜送入太空

我们知道，宇宙深空的天体离地球非常非常遥远，所以要使用分辨率很高的大型望远镜才能观测清楚。分辨率要高到什么程度呢？要能看清10千米以外的一枚1角硬币！

可是，在地球表面，即使望远镜本身制造得再好，也难以达到这个要求。

首先，地球表面有“讨厌”的大气层。它不仅把0.3纳米以下的紫外线统统阻挡在地球外面，而且会产生模糊效应，使得再好的大型望远镜的分辨率也难以接近光学上的所谓的衍射极限。而把同样的大型望远镜放到处在真空环境的太空，分辨率可提高10倍。

其次，地球上有“讨厌”的引力。大型望远镜需要巨大的光学透镜，地球的引力会使大透镜制造时产生微小的形变，而微小形变会使望远镜分辨率大大降低。哈勃太空望远镜刚刚升空时，就因为望远镜的主

你知道吗

什么是侦察卫星？

用以获得军事情报的人造卫星。它利用卫星的光、电遥感器或无线电接收机等侦察设备，从轨道上搜集地面、海洋和空中目标的有关信息，对目标实施侦察、监视和跟踪，获取情报。侦察设备收集到的电磁波信息，或由胶卷、磁带等记录储存于返回舱内，在地球上回收；或通过无线电传输方法送到地面接收站进行处理工作，从中获取情报。具有侦察面积大、范围广、速度快、效果好、可长期或连续监视以及不受国界和地理条件限制等优点。

镜的边缘在地面加工时多磨去了2微米（大约只有头发丝的五十分之一），而无法使用。结果，“奋进号”航天飞机只能上天，派出航天员给哈勃太空望远镜“戴上”称为“光学矫正替换箱”的“眼镜”，才使“哈勃”的“视力正常”。

哈勃望远镜太空观测

再有，就是“讨厌”的震动。无论是人类活动产生的震动还是地球内部产生的震动，都会影响望远镜对宇宙深空的观测。

要找一个没有任何干扰、“与世隔绝”的环境，那么就只好把哈勃太空望远镜搬到太空中去了。

为什么要建造空间太阳能发电站

利用太阳能发电，在今天已经不是什么梦想。但是在地面上用太阳能发电受着种种限制，把太阳能转变为电能的效率很低。如果要获得充足的电力，就必须铺设面积巨大的太阳能发电板。而这对于寸土寸金的地面来说，显然是十分困难的。所以，太阳能发电站至今没有能够真正大规模地投入实用。

而在太空，广袤的空间就有铺设太阳能接收板的最佳条件。而且，太空中的太阳辐射，由于没有地球大气的阻隔，强度要比地面上大得多。据估计，使用同样面积、同样材料的太阳能接收板，其发电的能力要比地球上高出10倍。现今，人们正为地球上的能源不足和大气污染而倍感困惑，太空太阳能发电更是受到了科学家们的青睐。

航天器为什么要在太空中进行对接

空间站通常建在近地轨道上。1971～1982 年，苏联向太空发射了 7 座名为“礼炮号”的空间站；1973 年，美国发射了一座名为“天空实验室”的空间站；1986 年，苏联又发射了“和平”号空间站。美国、俄罗斯、日本、加拿大、巴西和欧洲空间局的 11 个成员国，共同筹建世界航天史上的最大航天工程——国际空间站。

航天器太空对接

科学家建立这些空间的港湾，其目的是进行生物医学、天体物理、天文观测和建立太空工厂。因此，有许多科学家必须在空间站里工作一段时间，空间站里的设备需要维修，给养需要补充，人员需要更换……这些工作都由航天飞机和宇宙飞船来承担。当他们来到空间站的时候，由于太空的险恶环境，不能像汽车进站和轮船进港一样方便，这就需要进行太空对接。

为什么许多航天器要像陀螺那样旋转

在无依无靠的太空中，一个航天器始终要保持一种特定的“姿势”，在某个轨道上运行，或是“固定”在太空的某个位置上，是十分困难的。

太空中没有“风”吹，没有“人”去推，航天器为什么还会自己“开小差”呢？其实，由于太空中的不均匀的引力、残留的大气和空间微小颗粒的碰撞，都会使航天器处于不稳定状态。

为了使航天器保持稳定的状态，科学家们干脆使航天器像陀螺那样旋转起来。我们知道，凡是高速转动的物体，都有一种保持转动轴方向不变的特性，这叫作自旋稳定或定轴性。

在太空中，航天器受到的空气阻力很小，又没有摩擦力，所以，让航天器像陀螺那样旋转，可以十分经济有效地使航天器保持稳定的定向，这种自旋稳定还具有较强的抗干扰能力。

航天器在太空中怎样实施了首次对接

1995 年 6 月，美国的“阿特兰蒂斯”号航天飞机和俄罗斯的“和平”号空间站在太空首次对接成功。质量为 100 吨的航天飞机和质量为 124 吨的空间站，在缺乏重力的太空环境下对接，任何失误都可能导致相互碰撞而失败。因此，对接的过程十分缓慢，两者的相对速度大约是 2.5 厘米/秒。对接系统采用了 2 个圆环构成的双重结构，上层圆环可以缩进，装有 3 个花瓣状的挂接机械；下层是基座，装有 12 组挂钩和插销。

两个庞然大物在太空不断纠正航线，终于衔接在一起，这时机械弹簧锁把它们锁住。90 分钟以后，对接口通道内灌进了加压空气，航天飞机和空间站的舱盖才打开，航天员们终于相会在一起，相互握手，欢呼对接成功。1995 年 11 月，“阿特兰蒂斯”号航天飞机第二次与“和平”号空间站对接，为建立国际空间站做准备。

广角镜

“和平”号空间站

“和平”号空间站是苏联建造的一个轨道空间站，苏联解体后归俄罗斯。它是人类首个可长期居住的空间研究中心，同时也是首个第三代空间站，经过数年由多个模块在轨道上组装而成。“和平”号空间站目前保持着 9 年又 358 天的人类在太空最长连续逗留纪录，通过多国合作，“和平”号空间站曾经接待过多国的宇航员。2000 年底，俄罗斯联邦航天局因“和平”号部件老化且缺乏维修经费，决定将其坠毁。“和平”号最终于 2001 年 3 月 23 日坠入地球大气层，碎片落入南太平洋海域中。

1998 年 12 月 6 日，由美国“奋进”号航天飞机携带上天的“团结舱”——国际空间站的一个部件，与俄罗斯的“曙光舱”实现了对接。这次对接完成了国际空间站的第一期拼装工程，形成了国际空间站的核心。

航天飞机是如何像飞机那样飞回来的

作为天地往返的运输系统，航天飞机最为高明之处就是它能像飞机那样平安、完整地返回地面，从而实现了航天器的反复利用，这就大大降低了航天活动的成本。

然而要使航天飞机飞回来并不是件容易的事，主要的难关就是防热。

虽然航天飞机具有三角形机翼和垂直尾翼，使它在大气中飞行时能够具有良好的稳定性和操纵性，犹如一架飞机一样飞行自如，但当它从地球轨道返回地球时，会以极高的速度（接近 30 倍音速）冲入大气层，机身表面将跟空气发生剧烈摩擦，使表面温度急剧升高，这就是所谓的气动加热。加热的后果是使用铝合金制成的飞机结构立即熔化，因为铝合金的熔点只有 660℃。因此，科学家不得不给飞机穿上一件特殊的“防热衣”。

在机头和机翼前缘，那里的温度最高，可以达到 1600℃ 左右，就给它“穿”上一层耐高温的石墨纤维复合材料，以保护铝合金不被烧熔。在机身

广角镜

陶　瓷

陶瓷是陶器和瓷器的总称。中国人早在公元前 8000～2000 年（新石器时代）就发明了陶器。陶瓷材料大多是氧化物、氮化物、硼化物和碳化物等。常见的陶瓷材料有黏土、氧化铝、高岭土等。陶瓷材料一般硬度较高，但可塑性较差。除了在食器、装饰的使用上，在科学、技术的发展中亦扮演重要角色。陶瓷原料是地球原有的大量资源黏土经过淬取而成。而黏土的性质具韧性，常温遇水可塑，微干可雕，全干可磨；烧至 700 度可成陶器能装水；烧至 1230 度则瓷化，可完全不吸水且耐高温耐腐蚀。

和机翼的上表面，温度是650℃～1260℃，这些地方就“穿”上一层由两万块左右耐高温的陶瓷瓦拼成的阻热层。陶瓷瓦每块15厘米见方，2厘米～6厘米厚。在机身的侧面和垂直尾翼的表面，温度比较低，只有400℃～650℃。这些地方只需稍加保护，就“穿”上7000块另一种规格的陶瓷瓦。这种陶瓷瓦每块20厘米见方，0.5厘米～2.5厘米厚。其他的部位最高温度不会超过400℃，“穿”上一层涂有白色硅橡胶的纤维毡就可，而不需去使用前面那种分量较重、价格昂贵的陶瓷瓦了。

在太空中如何修理出了故障的航天器

如同飞机、汽车等会发生故障一样，航天器同样也会出现各种各样的毛病。然而，远在地球上空400千米～500千米处飞行的“患病”航天器能不能修理呢？回答是肯定的，派航天飞机去修。

航天飞机本身就是绕地飞行的航天器，它所处的高度和速度跟那些出了问题在轨道上游荡的航天器几乎相同，加上它又具有能改变自己绕地轨道的轨道机动辅助发动机、控制飞行姿势的反作用控制发动机、抓取卫星的遥控机械手等精良设备，所以它就有可能飞到那些发生故障的航天器身旁去进行修理。

1992年5月14日，美国“奋进”号航天飞机将一颗两年前发射的因火箭发动机故障未进入预定轨道的“国际通信卫星6号F3”救了回来。给它安装了一个新火箭发动机，直接弹射入太空，使卫星进入预定轨道。这颗价值1.57亿美元的卫星终于得以重新“就业”。

1993年12月，美国“奋进”号航天飞机对哈勃望远镜进行了修理。哈勃望远镜升空以后，科学家发现它发回的图像模糊，没有达到预期的效果。原来它的主镜磨坏了一点。以后又发现它的太阳能电池板出了问题，计算机的数据存储器也相继失灵。

于是，“奋进”号的机械臂把“哈勃”抓进了航天飞机，航天员为它更换了零件，并安装了一个新型的行星照相机等。这些修理工作进行了7天，修复后的哈勃望远镜比修复前分辨率大大提高，可见到暗10～15倍的天体。

国际空间站是怎样建立的

国际空间站是1993年决定上马的，由美国、俄罗斯、日本、加拿大、巴西和欧洲空间局的11个成员国共同筹建，是世界航天史上第一次由多国合作建造的最大航天工程。

根据计划，国际空间站将分三个阶段来完成。第一阶段为1995～1998年，美国航天飞机与“和平”号空间站对接9次，利用空间站获取航天员在太空中长期工作和生活的经验，以降低国际空间站装配和运行中的技术风险；第二阶段为1998～1999年，一些主要部件将发射上天，在太空中构成一个过渡性的空间站，达到有人照料的状态；第三阶段为2000～2004年，完成全部硬件的装配。整个装配将要动用美国和俄罗斯共47次航天发射，大批航天员将在太空中进行操作。

完工后的国际空间站，由6个实验舱、1个居住舱、2个连接舱、服务系统及运输系统等组成，是个总长88米、质量约430吨的庞然大物。它运行在约400千米高度的太空中，4个宽为108米的太阳能电池提供功率为110千瓦的电力，空间站的居住舱容积为120立方米，气压始终保持在一个标准大气压。与“和平”号空间站相比，可算是“鸟枪换炮”了。

人类最早对哪颗行星进行探测

除了月球外，金星是与我们最靠近的行星。很自然地，它是人们进行行星际探索的“第1号种子”。

1961年2月4日，苏联发射了一个重640千克的“试验卫星”飞往金星，但是当它从绕地球轨道再启动时，运载火箭不听指挥，于2月26日坠毁。

金星探测一开始就“出师不利”。苏联头3艘飞船不是运载火箭出故障，就是无线电失灵。美国1962年7月22日发射的“水手”1号，还没飞出大气层就爆炸了。但人们并不气馁。美国在1962年8月27日发射的“水手”2号飞船，经过111天的长途跋涉，终于在12月24日飞抵金星区域，在离金星表面3万多千米的地方，拍摄了许多金星的“特写镜头”。这是人类第一批拍到的近距离金星照片。“水手”2号还首次测量了金星大气中的温度情况及化学组成等，向地球送回了重要的资料。

发给“宇宙人”的第一份电报是什么样的

1974年，人们通过最大的射电望远镜（雷达），向看来有希望的天区发了许多无线电呼号，这份“电报”使用的是计算机的语言——全部是“0”和“1”。“电报”全文共有1679个数字，它们组成了一幅幅包括数学、天文、化学、生物、人类学等丰富知识的图画。如其中一部分组成了这样的方块图：最下面一排是太阳系，右起第三个小方块（稍稍向外突出）表示是我们的地球，上方是一个地球人的轮廓，左面说明地球上的人数是43亿，右侧则表示地球人的平均身高……

基本小知识

电　报

电报是通信业务的一种，在19世纪初发明，是最早使用电进行通信的方法。电报大为加快了消息的流通，是工业社会的其中一项重要发明。早期的电报只能在陆地上通讯，后来使用了海底电缆，开展了越洋服务。到了20世纪初，开始使用无线电拍发电报，电报业务基本上已能抵达地球上大部分地区。电报主要是用作传递文字讯息，使用电报技术用作传送图片称为传真。

科学告诉我们，在无限的宇宙中应当广泛存在着各种生命形态。对于高度发达的宇宙人而言，是不难把这种“电报”翻译出来的。所以如果在“牛郎”、“织女”那样远的距离处有宇宙人的话，说不定，现在的青少年读者将来会收到他们的“回电”呢！

基本小知识

雷　达

雷达，将电磁能量以定向方式发射至空间之中，借由接收空间内存在物体所反射之电波，可以计算出该物体之方向，高度及速度，并且可以探测物体的形状。以地面为目标的雷达可以用于探测地面的精确形状。

什么是“阿波罗”登月计划

“阿波罗”登月计划也称“阿波罗”工程，是20世纪60～70年代美国组织和实施的一项载人登月工程。

“阿波罗”工程是世界航天史上的一个重要里程碑，它把人类的足迹移上了另外一个星球。工程始于1961年5月，至1972年12月结束，共组织了2万家企业、200多所大学和80多个研究机构约30多万人参加，历时11年，共耗资255亿美元。

“阿波罗”工程包括运载火箭——“土星5号”和载人飞船——“阿波罗”号飞船两大部分。飞船总重45吨，由指挥舱、服务舱和登月舱三部分组成。从1966年起，“阿波罗”号飞船共发射了17艘：“1号”至“3号”为试验用的模拟飞船；“4号”至“6号”为无人飞船；“7号”至“10号”为绕地球或月球轨道的载人飞船；“11号”至“17号”为载人登月飞船。

阿波罗11号宇宙飞船

1969年7月21日，“阿波罗11号”飞船在月球静海西南角着陆，航天员阿姆斯特朗首先走下登月舱踏上月面，成为第一个到达月球的人。“阿波罗”工程总共把6艘飞船送到月球，12位航天员在月面上停留，使人类对月球的了解大大前进了一步。

人类是怎样首次登上月球的

美国东部时间1969年7月16日，星期三，一个万里无云的好日子。上午9点半，庞大的“土星5号”运载火箭一声巨响，载着“阿波罗11号”宇宙飞船徐徐升上太空。

三天后的7月19日下午，飞船到达月球上空，驾驶长柯林斯完成了最后的不允许出现丝毫偏差的轨道调整，使飞船在月球上空15千米处绕月飞行。7月20日，另外两名航天员阿姆斯特朗和奥尔德林登上了名叫“鹰”的登月舱，从飞船出发，随着制动减速火箭，“鹰”沿曲线轨道徐徐下滑，平稳地降落在月面上一个名叫“静海”的平原。经过6个半小时的准备后，身穿航天服的飞船船长阿姆斯特朗打开了飞船舱门，爬出舱口，在5米高的进出口台上待上了几分钟，仿佛借以安定一下十分激动的心情似的。然后，他慢慢地沿着登月舱着陆架上的扶梯走向月面。为了使身体能适应只有地球六分之一的月球重力环境，他在扶梯的每一个台阶上都要稍微停留一下，仅仅9级扶梯竟花费了3分钟！

人类首次登上月球

通过电视，地球上亿万人看到了阿姆斯特朗先是小心翼翼地把左脚踏上月面，然后鼓足勇气将右脚也踏在月面上。

7月21日，阿姆斯特朗和奥尔德林完成考察任务后，进入登月舱的上升段，与在月球轨道上停留的柯林斯会合后，平安返回了地球。

人类首次登月的壮举，将永载史册。

第一位进入太空的人是谁

1961 年 4 月 12 日，苏联人加加林乘坐“东方号”宇宙飞船，绕地球飞行 1 周，历时 108 分钟，成为世界上第一位进入太空的航天员。

加加林于 1934 年 3 月出生在苏联一个普通的家庭中。小时候他是一名淘气的孩子，但强烈的求知欲驱使他如饥似渴地学习他所涉猎的所有知识。在学校里他参加了科技小组，在教师的指导下，小组成员们制作了航空模型，并经常在空旷地方试放飞行。看着如蜻蜓一般敏捷的飞机模型在阳光灿烂的天空中飞翔，加加林暗自下了决心，将来长大一定要当一名飞行员。

进入太空第一人——加加林

在飞向蓝天的强烈愿望驱使下，加加林开始贪婪地阅读描写齐奥尔科夫斯基的书籍，他对这位航天之父十分敬佩。齐奥尔科夫斯基充满热情的精神、坚韧不拔的品格以及无私地献身于宇宙飞行的思想，对加加林的一生产生了巨大的影响，也许这就是他从一名飞机驾驶员变成世界第一位遨游太空的航天员的动力。

“水手”4 号成功拜访火星了吗

美国曾在 1964 年 11 月 5 日向火星发射了“水手”3 号，但它中途“临阵脱逃”。13 天后，“水手”4 号又踏上征途。它的外形像一台风车，4 个长约 7 米的“叶片”是太阳电池，可把太阳光直接变为电能。主体直径 1.3 米，总高 2.9 米，重 261 千克。经过 228 天的长途跋涉，终于在 1965 年 7 月 14 日到达了火星区域。15 日 0 时，它从火星上空 9846 千米的高空飞过火星的向阳面，这时自动导向仪立即选择好各种最佳的角度开始“抢镜头”。在它飞越过火星的 25 分钟内，一共拍了照片 22 幅，每幅图上包含 40000 多个像点，因此分辨本领较高，发现火星表面上也有不少像月面上的环形山。“水手” 4 号还取得了其他许多成果，它证明了火星的大气很稀，其表面气压不及地球 1%。从它发回的资料，人们还准确地测定了它的半径和质量。

航天员为什么用跳跃方式在月面上行走

月球是个低重力的环境，航天员即使穿上 150 千克的登月服，也不会感到重压在身，在月面上走起来显得轻飘飘的。但是，航天员在行走时，月面对他产生的水平推力也只有地面上的六分之一，所以在月面上走一步比在地面上走一步所花的时间长，只能“姗姗而行”。同时，月面上有一层厚厚的细沙，走在上面很容易滑倒。再加上所背的大背包（登月服）使人体的重心后移，一不小心，即使是微小的后仰，也会“人仰马翻”，所以，在月面上航天员很容易跌跤。但是，月面上的跌跤却别具特色——都是慢慢地跌下去，但爬起来却又快又容易。

在月面上的航天员，如果像在地面上那样迈方步行走，自然就很容易跌跤。因此，他们改用单脚跳跃前进，后来，又想出了用双脚跳行，这样既快又可以减少体力消耗。他们像小孩似的在月面跳跃着前进，有时用单脚，有时用双脚，还边跳边喊：“太好玩了！太好玩了！”这种跳跃行走的办法，可不是航天员在地面训练时就事先想好的，而是他们在月面上的急中生智“创造”出来的。

人类为什么要开发月球

首先，月球上有丰富的物质资源。月球上有地球上所有的元素和 60 多种矿物，其中还有 6 种矿物是地球没有的。在月球的月壤中，氦的含量为 40%，硅的含量为 20%，还有丰富的钙、铝、铁等。

其次，月球上的引力只是地球引力的六分之一，月球上的逃逸速度只及地球的五分之一。所以，月球的低重力，无大气的环境，十分有利于航天器的发射。在月球上建立组装、维修、补给的人类航天基地，将成为人类飞往其他星球的中转站。月球航天基地会使星际飞行的难度和费用大大降低，人类进入宇宙的深度和广度将大大增加。

知识小链接

钙

钙是一种化学元素，它的化学符号是Ca，它的原子序数是20，是一种银白色的碱土金属，具有中等程度的软性。在地壳的含量也很高，为地壳中第五丰富的元素，占地壳总质量3%，因为它的化学活动性颇为活泼，可以和水或酸反应放出氢气，或是在空气中便可氧化〔形成致密氧化层（氧化钙)〕，因此在自然界多以离子状态或化合物形式存在，而没有单质存在。在工业上的主要矿物来源如石灰岩，石膏等，在建筑（水泥原料)、肥料、制碱、和医疗上用途很广。

再次，月球没有大气包围，声波无法传递，在月球背面没有来自地球的无线电干扰。所以月球的这种无大气干扰、无声波和电波干扰的极其寂静的环境，是一个非常理想的稳定的科学实验平台。当然，月球的低重力、真空无菌的环境又是材料科学和医药学的研究和生产的理想场所。

将来，随着科学技术的进步，月—地旅行将会更加安全、舒适和低成本。那么，到月球旅游和移民就会成为现实。月球将是人类开发的“第六大洲”。

为什么要在月球上建立永久基地

随着地球上的能源日渐枯竭，自然就想到在月球上建立太阳能电站为地球所用。科学家设想，在月面上安装数以千计的太阳能电池阵，收集太阳能转化成电能，并以微波形式送回地球。月球发电有许多优点，它不受天气和季节变化的影响，而且费用低，安全可靠，几乎是取之不尽、用之不竭。

月球上引力小，加上没有大气的遮挡，十分有利于架设巨型望远镜，帮助人类更好地研究遥远星系的秘密。

建立月球工业和开采无公害的核原料，是月球永久基地的重要工作。高真空和低重力，使月球工厂能生产出许多地球上不能或难以制造出的高性能材料。月球土壤里有大量的核原料——氦-3，它是一种核聚变最理想的燃料，用它发电，不会造成环境的污染。

从月球上向其他星球发射探测器和宇宙飞船，要比地球上容易得多。近来在月球上又发现了水，这不仅可供航天员生活之用，而且用水制造出的液氢和液氧，正是火箭所用的燃料。未来人类远征宇宙之时，月球必然会成为不可多得的跳板和中转站。

为什么人类要多次探测火星

在太阳系的八大行星中，火星和地球在许多地方十分相似：火星自转一周是24.66小时，昼夜只比地球上的一天多40分钟；火星自转倾斜角也和地球相近，所以火星上也有春夏秋冬四季的气候变化；火星上还有大气层。

1877年，意大利天文学家斯基帕雷用望远镜发现火星上有许多细长的暗线和暗区，他把暗线称为“水道”。有人干脆把“水道”翻译成英语的“运河”，暗区就成了“湖泊”。有运河就有智慧生命的大规模活动。于是，一个多世纪以来，有关这颗红色星球上的火星人和火星生命的传说、猜测和探测不断出现。眼见为实，只有对火星进行逼近观测，才能彻底解开这些谜。20世纪50年代后，人类就开始了利用航天技术探测火星的努力。

人类探测火星的活动历程是怎样的

早在1962年11月1日，苏联发射了“火星1号”探测器，开始了人类对火星的逼近探测。

1965年，美国发射的“水手4号”探测器，在距离火星9846千米的高处，首次拍摄了22张火星照片。

1969年，“水手6号”和“水手7号”探测器观测了火星南极，并且发现火星大气中的二氧化氮含量高达95%。

1972 年，“水手 9 号”探测器拍摄了 7000 多张火星照片，这些照片显示了火星表面 70% 区域中的峡谷、火山和干涸的河床。

1974 年，苏联发射的“火星 5 号”首次拍摄了火星的彩色照片。

1976 年，美国发射的“海盗 1 号”和“海盗 2 号”探测器携带的两个着陆器，在火星表面成功软着陆。它们测量了火星上的温度、风速、大气压，分析了火星大气和土壤的成分。“海盗”号还在空中拍得 4500 多张火星照片。

“火星探路者”探测器正在采集火星岩石样本

1996 年 12 月，美国发射“火星探路者”探测器。这是自“海盗号”以后，人类再次把航天器送入火星表面，也是美国航天局跨世纪的一连串火星轨道和着陆探测计划的开始。

“火星探路者”携带了一辆六轮小跑车，称为“漫游者”。“漫游者”在着陆器着陆后的第二天走下着陆器，开始对选定的目标进行研究。在以后的 90 天里，“火星探路者”共向人类发回了 1.6 万张照片。

1996 年 11 月，美国发射“火星全球勘探者”飞船。“火星全球勘探者”在 1997 年 9 月进入火星轨道，这是人类成功送入火星的第一个轨道器。

美国宇航局 2008 年 8 月 12 日发射的“火星侦察轨道器”（MRO）已于 2009 年 3 月 10 日成功完成精细的入轨机动动作。进入绕火星运行的轨道。离表面最近点的高度约 420 千米。入轨动作是 MRO 此次飞行中难度最大的环节之一。在人类此前 30 次对火星的探测中，只有 65% 成功入轨。

“卡西尼”号怎样进行跨世纪土星观测

人类探测土星的使命，交给了“卡西尼”号土星探测器。1997 年 10 月 15 日，美国成功发射了“卡西尼”号大型行星探测器，这是 20 世纪人类耗资最大的空间计划之一。

由于土星距离地球非常遥远，有8.2～10.2天文单位（1个天文单位约合1.5亿千米），所以，即使使用当时推力最大的火箭，也无法把质量为6.4吨的“卡西尼”号加速到直飞土星的速度。

于是，科学家巧妙地为“卡西尼”号设计了借助金星、地球和木星之间的引力，接力加速奔向土星的旅程。这样一来，“卡西尼”号的行程将增加到32亿千米，历时7年。1998年4月，“卡西尼”号绕过金星，在金星引力的作用下，加速并改变方向；1999年6月，它再次飞过金星，利用金星引力进一步加速，向地球奔来；1999年8月，“卡西尼”号掠过地球，借助地球引力加速飞向木星；2001年1月，“卡西尼”号从木星那里进行最后一次借力加速后，直奔土星。

“卡西尼”号于2004年7月到达了土星。“卡西尼”号实际上由两部分组成：载有12台科学探测仪器的轨道器和携带6台科学仪器的“惠更斯”子探测器。轨道器将围绕土星进行历时4年的全面的科学探测。

为什么发射火箭要沿着地球自转方向

发射火箭之所以要顺着地球自转的方向，道理正跟跳远和投掷铁饼一样，因为地球上的物体都随着地球的自转一起转动。根据惯性原理，如果顺着地球自转方向发射火箭，火箭在离开地球时就已经有了一个初速度，这个初速度的大小就是地球自转的速度。

地球由西向东自转，地球自转的线速度并不是全球各点都一样的，越近南北极，线速度越慢；越近赤道，线速度越快。在南北极的中心点上，线速度几乎等于0，可是在赤道上，线速度可达465米/秒。要使火箭绕着地球飞行不落到地球上来，那就需要使火箭达到7.9千米/秒的第一宇宙速度；要使它飞向月球，就需要达到11.2千米/秒的第二宇宙速度。要达到这样的速度，当然首先要依靠火箭本身的推力，可是如果火箭在赤道上发射，那么因为有465米/秒的初速度可借，火箭的推力略为小一点点，问题也还不大。

为什么火箭发射采用倒数计时

1927 年，一批早期的宇航爱好者在德国成立了宇宙航行协会。不久，他们接受了为一部科幻电影《月里嫦娥》制造一枚真实火箭的任务。但由于缺乏经验，这枚真实的火箭始终未能制造出来，反而是制片商把一枚模型火箭先制造出来了。在拍摄影片的过程中，为了发射模型火箭，导演弗里茨·兰首创了倒数计时的发射程序。这种计时程序，既符合火箭发射规律和人们习惯，又能清楚地表示火箭发射的准备时间在逐渐减少。

10 分钟准备，5 分钟准备……1 分钟准备，直到发射前 10 秒钟，而后是 10、9、8……3、2、1，起飞！这种倒数计时，会使人产生准备时间即将完结，发射将要开始的紧迫感觉。

电影成为这种发射模式的先导。之后，德国在 20 世纪 30 年代制成第一枚试验火箭，以及 40 年代初研制“V－2”火箭时，都采用这种倒数计时的发射程序。40 年代后，美国和苏联研制的火箭和导弹，发射时也都采用了这种程序。它把火箭在起飞前的各种动作按时间程序化，既严格又科学，真是“万无一失”。

目前，世界各国的火箭、导弹和航天飞机的发射，自然就一直沿用这种倒数计时程序了。

火箭没有机翼靠什么改变方向

火箭大多数时间是飞行在大气层以外，那里没有空气，那么改变火箭的飞行方向靠什么办法呢？

靠的就是火箭内部的“驾驶员”——飞行控制系统。这个系统有两大作用，一是控制火箭向前飞行（由火箭发动机提供推力）；二是控制火箭的姿态

(使火箭俯仰、偏航或滚动)。火箭的飞行控制系统靠敏感元件（类似人的眼睛），去“观察”火箭的飞行状态是否正常（与预定的路线做比较），如发生偏差，立即报告“大脑”（箭上计算机），经过分析思考（计算机进行各种计算），最后向执行机构（类似人的手和脚）发出修正指令，控制火箭沿正确的方向飞行。

拓展阅读

石 墨

石墨是一种矿物名，通常产于变质岩中，是煤或碳质岩石受到区域变质作用或岩浆侵入作用形成。石墨是元素碳的一种同素异形体，每个碳原子的周边连接着另外三个碳原子，排列方式呈蜂巢式的多个六边形。由于每个碳原子均会放出一个电子，那些电子能够自由移动，因此石墨属于导电体。石墨是其中一种最软的矿物，不透明且触感油腻，颜色由铁黑到钢铁灰，形状呈晶体状、薄片状、鳞状、条纹状、层状体或散布在变质岩中。

火箭在真空环境里飞行时，如果用类似飞机的空气舵，自然就不起作用了，需改用燃气舵和摇摆发动机。燃气舵安装在发动机喷管的尾部，用石墨或耐高温的合金制成，当发动机燃烧室喷射出来的高速气流作用在舵面上时，就会产生控制力以改变火箭的姿态。摇摆发动机是将发动机安装在可变动推力方向的支架上，用改变推力的方向来达到改变火箭姿态的目的。因此，火箭的外形多是圆柱体，光秃秃的，它虽然没有机翼，但同样也能随心所欲地改变飞行方向。

有趣的天文知识

QINGSHAONIAN BIZHI DE TIANWEN ZHISHI

天文学是最古老的科学。劳动创造了人，人类通过劳动积累了认识自然、了解自然的知识。为什么会有白天和黑夜？为什么每晚的星空会是不一样的？我们生活的地球是怎样的结构？地球在无限的空间中占有什么地位？照亮我们的太阳为什么会发光？天上的星星真的都和太阳一样吗？什么是太阳系？什么是银河系？宇宙有限吗？什么东西组成了宇宙……

世界是千奇百怪的，茫茫宇宙是浩瀚无边的，从古到今，太多太多类似的问题被我们一代一代地问下来，但千百年来我们却始终诲而不倦地回答着。这是因为天文学是古老的又是崭新的，是饱含哲理的又是充满趣味的，它永远引导着人们的好奇心，永远会有新的东西呈献在您的面前！

为什么星星会眨眼

夏天的晚上，繁星满天，抬头仰望天空，星星都在眨眼呢。其实，星星根本没有眼睛，又哪里会眨眼呢？那么大概是我们自己眨了眼，错把星星当成在眨眼了？也不是，因为即使你瞪着眼睛瞧，仍然会发现星星的光亮忽闪忽闪地动。这是什么缘故呢？原来这是大气捣的鬼。我们知道，大气不是静止不动的，空气热了会上升，冷了又会下降，还有风在吹来吹去。如果能够给空气的分子着上一些颜色，你就能看到五彩缤纷的空气正在上下翻腾。

星光在来到我们的眼睛以前，必须经过地球的好几层大气，大气既是动荡不定的，各层大气的温度、密度又各不相同，这样一来，光线的折射程度也各不相同。星光来到这里时，就会经过许多次的折射，时而会聚，时而又分散。正是这层动荡不定的大气，挡在我们面前，使得我们在看星星的时候，总觉得星星在闪烁，就像在眨眼睛。

天空为什么是蓝色的

地球大气层是由许多种气体分子、灰尘和水蒸气粒子组成的。这些物质粒子对射来的太阳光线并不是完全透明的，就是说太阳光线不能全部通过。地球大气中的气体分子、尘埃等粒子能把射到它们上的太阳光线或者阻挡或者散射到各个方向上去。人们发现，不同大小的粒子对各种颜色的光的散射程度并不相同。对于具有像空气中各种气体分子、尘埃那样大小的粒子来说，主要是散射蓝色光线，对红色光线散射很少。由于空气分子把蓝色光线向四面八方散射开来，我们便看到天空是蔚蓝色的。同样道理，由于空气分子对蓝色光线的散射程度比对红色光线要大得多，早晚的太阳光要穿过比较厚的大气层，绝大部分青蓝色的光被散射了，只剩下红黄色的光穿过大气射到地面，所以，早晚的太阳发红。如果没有地球大气层，白天的天空就会是完全黑暗的，就是说，在白天也能看见星星。但是大气散射的蓝色光很亮，淹没了星星发出的光，所以在白天我们才看不到星星。

基本小知识

散 射

当传播中的辐射，像光波、音波、电磁波、或粒子，在通过局部性的位势时，由于受到位势的作用，必须改变其直线轨迹，这一物理过程，称为散射。这种局部性位势称为散射体，或散射中心。

银河系里有多少颗星

天文学家希帕恰斯把星星按明暗程度分成等级，最亮的星定为 1 等，次亮的定为 2 等，再暗一些的定为 3 等……晴朗的夜晚眼睛能看到的最暗的星定为 6 等。按星等统计，人们发现 1 等星以上的亮星有 20 颗，2 等星有 46 颗，3 等星有 146 颗，4 等星 418 颗，5 等星 1476 颗，6 等星 4840 颗。眼睛看全天空里的星星也不过 6946 颗，不过我们不可能同时看到这些星星，我们生活在地球上，晚上只能看到半个天球，另一半天球的星星在地平线以下，所以一个晚上我们所看到的星星不过 3000 多颗。

用世界上最大的望远镜看到的星为 21 等暗星，星数竟有 88900 万颗。人们在统计星星的过程中，发现一个规律，星等越暗，星数越多；大致说来，每暗一个星等，星数大约增加 3 倍。这样推下去，天上的星星不是多到数不清的程度了吗？其实不然，原来，星星暗到一定程度，星数增加的倍数就不是 3 倍而是 2 倍，星越暗，星数增加的倍数却越来越小了。这就是说，我们能探测到的星星不是数也数不清的，它们的数目是有限的。它们集中在宇宙中一个巨大的空间里，这个巨大的恒星系统叫作银河系。根据星等和星数的统计规律，人们推算出银河系里的星数大约在 2000 亿颗。

云为什么会飘浮在空中

为了说明问题，我们以最常见的初始淡积云的云体为例。

当一团暖湿的空气上升到凝结高度以后，空气中的水汽就会凝结成小的水滴。一般这种初期形成的水滴的半径只有0.01～1微米。在水汽凝结成水滴的过程中，会释放出大量的潜热。如在0℃时，0.0029克的水汽凝结时所释放的潜热，可使1升的空气温度提高5.6℃。因此，这团含有小水滴的空气还会上升。这种上升过程中，温度的下降率不是每上升100米下降1℃，而是每上升100米，温度下降不到0.6℃。由于仍比周围的空气温度高，这团空气仍会继续上升。小水滴也随着慢慢增长变大。因此，一团暖湿空气达到凝结高度之后，其上升速度和尺度都比没有凝结现象的空气大得多。

云中的水滴很小。一般小水滴的半径仅在10微米左右，就像一颗灰尘一样。这样小的水滴克服浮力和空气阻力下降，其速度是非常小的。即便能够下降到凝结高度以下，也会被迅速蒸发消灭掉。更何况云底部上升气流的速度要比小水滴下降速度大出几十倍。因此，云中的小水滴既不能跑出去单独生活，也克服不了上升气流的浮力，更无法摆脱云体内气流运动的摆布，只好大家相依为命。于是，云块就像一个暖气球一样在空中飘浮。

最早升起太阳的地方是哪里

我国现在大部分地区使用的时间都是“北京时间”。因为地球在不停地自西向东旋转着，因此不同地理经度处，太阳升落和当顶的时刻是不同的。经度每差1°，时间就差4分钟。这种大致按当地太阳升落来计时的叫作“地方平时”。我国幅员辽阔，东西最大的经度差达61°左右，时间可差4个多小时。当新疆西部的边防战士正午巡逻时，黑龙江东部的小学已经放晚学了，而这时，伦敦或巴黎的许多居民还没有起床呢（还不到上午7时）。

为了避免这种混乱，1879年国际上便商定，把全球按经度分为24个“时区”，在同一时区内都用它中心经度的地方时作为该区的时间。我国为了简便起见，进一步规定，全国绝大部分地区一律采用东120°处的地方时作为标准的“北京时间”。

国际上规定的24个时区是从英国格林尼治算起的，因为它的地理经度是0°。所以从西经7.5°到东经7.5°作为零时区，据此往东，每隔15°为1时区，时间提早1小时。我们北京处于东8区，所以我们通用的时间比世界时（零时区时间）早8小时；而纽约因为在西5区，故比世界时还迟5小时。

这样，不免又有了一个问题。地球是个圆球，东经180°与西经180°是同一地方，12时区既是东12区也是西12区，那既可说比世界时早12小时，又可算迟12小时，一早一迟，正好差整整1天！为此，国际上把东西经180°的地方称为“国际日期变更线”。在这条线的两侧，钟表上指示的时间是一样的，但日历上却相差1天。例如该线的西边是1986年1月1日上午8时，则该线的东侧还是1985年12月31日上午8时。所以人们说这里是“日子的诞生地”，是“太阳最早升起的地方”。

基本小知识

经　度

经度是地球上一个地点离一根被称为本初子午线的南北方向走线以东或以西的度数。本初子午线的经度是0°，地球上其他地点的经度是向东到180°或向西到180°。英国的制图学家使用经过伦敦格林尼治天文台的子午线作为起点，过去其他国家或人也使用过其他的子午线做起点，比如罗马、哥本哈根、耶路撒冷、圣彼得堡、比萨、巴黎和费城等。在1884年的国际本初子午线大会上格林尼治的子午线被正式定为经度的起点。

为什么把太空称为人类的第四环境

陆地、海洋、大气层是我们人类和地球上所有生物所处的生存环境，在这些地方几乎处处有生命现象存在。陆地是地球表面没有被海水淹没的地方，是人类最主要的活动区域，称为人类的第一环境。而地球表面的大部分区域被海水所浸没，也就是常说的海洋，称为人类的第二环境。地球还被一层厚厚的大气层覆盖，大气层虽然没有陆地和海洋那样容易直接观察，但它是气候变化的重要因素和保护人类免遭宇宙线和陨星袭击的保护层，被称为第三环境。

1981 年，第 32 届国际宇航联合会把外层空间定为人类的第四环境。所谓外层空间，一般定义为距地球表面 100 千米以上高度的空间，也称为太空。虽然在距地球表面几千千米的高度还有微量的地球大气的存在，但是，在 100 千米的高度上，空气的密度已是地表大气的百万分之一。一般的航空器的空气动力作用已十分微弱，人类借助发射各种航天器在太空中活动，这和人类在地面上驾驶汽车，在海面上驾船航行，在大气层开飞机的含义是一样的。当然，在太空的高真空环境中，除了人类外，没有其他任何自由生存的生物。这一点和陆地上有牛羊、海洋里有游鱼、大气中有飞鸟这三个人类环境是完全不同的。

北极星是不动的吗

北极星有一个有趣的特点。我们每晚看星，会发现星星都在东升西落，而北极星却像一位大元帅，稳坐中军帐，几乎一动不动。再仔细观察，还会发现群星好像都在围着北极星转圈圈，这是怎么回事呢？

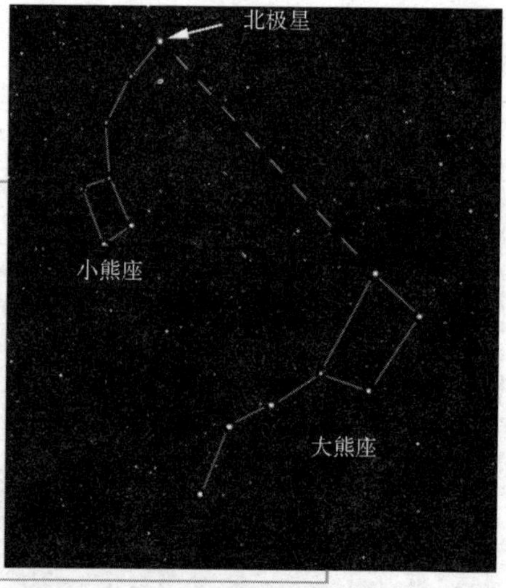

北极星

原来，星星的东升西落是我们地球自转造成的一种现象。地球一刻不停地绕着一根假想的自转轴自西向东旋转，自转造成了昼夜的交替，也造成了群星的东升西落。如果把这根假想的自转轴向两边无限延伸，那么它就会与我们头顶上的天球交于两点，在地球北极上方的一点叫作北天极，对应的方向就是正北方；而在地球南极上方的一点就叫南天极，对应的就是正南方。北极星就在离北天极不到1°的地方，面向这颗星的方向当然就是北方了。群星的东升西落是地球自转造成的，而北天极就是地球自转轴的方向，所以，看上去群星是围绕北天极旋转。北极星恰好在北天极附近，粗看起来，就像是北极星一动不动，群星在绕着北极星旋转了。其实，北极星并不等于北天极，北极星实际上也在沿着一个很小的圆圈绕北天极旋转，只是这个圆圈太小，肉眼通常是看不出来的，于是给我们的感觉就是北极星好像在天空中总是一动不动的。

怎样寻找北极星

面对着北面天空，可以看到两个著名的星座：大熊座和仙后座。这两个星座都很容易辨认。大熊座有7颗主要亮星：天枢、天璇、天玑、天权、玉衡、开阳、摇光，它们组成勺子的样子，有人叫它勺子星，一般叫作北斗七星；仙后座的5颗主要亮星组成拼音字母W的样子。这两个星座，可以帮助我们找到北极星。

大熊座和仙后座在天空中的位置，刚好隔着北极星遥遥相对。对于我们居住在北半球中纬度地区的人来说，到了春天，天黑后不久，北斗七星在东北方向，仙后座在西北方向；5~6月间，天黑后不久，北斗七星出现在头顶附近，仙后座则在正北地平线附近。在别的月份，当仙后座在东北方向和头顶附近时，就轮到北斗七星在西北和正北地平线附近了。

你知道吗

北斗七星是哪七星？

北斗星又称北斗、魁星等，属大熊星座。是指在北天有排列成斗（杓）形的七颗亮星，即，天枢、天璇、天玑、天权、玉衡、开阳和摇光。我们常称它们为北斗七星。在日常生活中常帮助人们在夜间辨别方向。我国历代记述北斗星的著述繁多，如《甘石星经》《虞书》《史记》《淮南子》《晋书》等。

如何利用大熊座来寻找北极星呢？先找到北斗七星斗勺最外边的两颗星——天枢和天璇，用假想的线把它们连起来，并由天璇朝着天枢的方向延长约5倍远的地方，就能碰到一颗亮星，这就是北极星。那部分天空，只有北极星这么一颗比较亮的星，所以很容易找到。

仙后座的5颗主要亮星中，有3颗比较亮，顺着这3颗的中间一颗和它前面的一颗小星，向前延长3倍多的距离，便是北极星的位置。

为什么没有南极星

北极星被看作北天极的标志，而享有盛名。在北半球的人，只要找到了北极星，就找到了正北方向。南天极附近也有类似的这么一颗南极星吗？

南天极位于南极星座内。南极星座是个很暗的星座，多数是肉眼刚能看到的6等星。有一颗“南极α”星，按常理来说，它完全有可能赢得南极星的光荣称号，因为它离南天极的距离，与“小熊α”星离北天极的距离基本相当，都不足1°。可惜的是“南极α”星很暗，亮度只有5.48星等，视力极佳的人也必须定睛细看，仔细辨认，才能把它找到。稍稍有点薄云和月亮，它就隐匿不见。这样的一颗星，尽管其实际光度是太阳的7倍，却因其与我们有着120光年的距离，才使它的亮度如此暗淡，而不足以被尊称为南极星。

南极星座里有没有别的亮些的星可以被称为南极星呢？最亮的“南极υ”星是3.74星等，这样的亮度与北极星的1.99星等比起来要逊色许多，更遗憾的是它离南天极足足有12.5°，这就很难起到为人们指示南天极准确位置的作用。

为什么在南极和北极半年是白天半年是黑夜

每年春分，太阳直射地球的赤道。然后地球渐渐移动，到了夏天，日光直射到北半球来。以后经过秋分，太阳再直射赤道。到了冬季，太阳又直射南半球去了。在夏季这段时间，北极地区整天在日光照耀之下，不管地球怎样自转，北极都不会进入地球上未被阳光照到的暗半球内，一连几个月看见太阳悬挂在天空。直到秋分以后，阳光直射到南半球去，北极进入了地球的暗半球里，漫漫长夜方才降临。在整个冬季，日光一直不能照到北极。半年以后，等到春分，太阳才重新露面。所以北极半年是白昼（从春分到秋分），另半年是黑夜（从秋分到春分）。

同样的道理，南极也是半年白昼，半年黑夜，只不过时间和北极正好相反。北极白昼的时候，南极是黑夜；北极黑夜的时候，南极是白昼。

知识小链接

秋 分

秋分是二十四节气之一，每年9月23日或22日，太阳到达黄经180°时开始。《月令七十二候集解》："八月中，解见春分"、"分者平也，此当九十日之半，故谓之分。"分就是半，这是秋季九十天的中分点。天文学上规定秋分为北半球秋季的开始，在中国南方地区、台湾地区和日本亦在习惯上视秋分为秋天的开始。

星座是怎么命名的

在三四千年前，古代的巴比伦人已经把天空中较亮的星星组成了各种有趣的形状，称为星座。巴比伦人创立了48个星座。后来，希腊天文学家给它们取了名字，有的星座像某种动物，就用动物名作为星座的名字，有的星座是以希腊神话里的人物名字来命名的。

现在，国际通用的星座共88个，是1928年国际天文学联合会重新划分和决定的。其中29个在天球赤道以北，46个在天球赤道以南，跨在天球赤道上的有13个。

88个星座的名字，大约二分之一以动物命名，如大熊座、狮子座、天蝎座、天鹅座等；四分之一以希腊神话中的人物名字命名，如仙后座、仙女座、英仙座等；其余四分之一以用具或仪器命名，如显微镜座、望远镜座、时钟座、绘架座等。虽然古人划分星座的办法不科学，但星座的名称仍沿用到今天。

星云是怎样分类的

如果你在书本上看到那一个个很大的回旋状的星云时，不要以为也能在天空中看到这种现象，这些星云大都不够明显，不用望远镜是看不到的。

星云分为两种，即银河内星云与银河外星云。银河内星云是在我们银河系内的，由灰尘与气体组成；而银河外星云出现在银河系以外，大都由星球组成。

银河内星云数目还不到2000个，也就是说我们所知道的星云大都在银河系以外。至于有多少呢？最少也有几百万组吧。

这种银河外星云亦称为“宇宙岛”或天河群。如果有人从那边看我们的银河系，我们这里也像一组星云。

银河外星云有各种不同的形状，有些是不规则的或椭圆形的，但大多数是漩涡状。像我们的银河系一样，这些漩涡是由无数的星球、大块的气体云以及大片的灰尘组成的。通常星云的中间是核心，并从核心伸出一些胳臂，形成回旋状。离地球最近的一组星云，称为“安得罗美达星云”，是目前所知最大又最亮的星云，它所发射的光芒比太阳亮15亿倍。

“星震”是怎么回事

“星震”是怎么回事呢？要回答这个问题还得从脉冲星的一个特性说起。脉冲星的旋转周期虽十分稳定，但这种稳定只是相对的。一般而言，脉冲星的旋转周期在缓慢地变长，旋转速度在逐渐变慢。这似乎是绝大多数脉冲星都遵循的规律。

然而也有例外。船帆座脉冲星 PSR0833－45 的周期大部分时期是在变慢，在 1969 年 2 月 24 日到 3 月 3 日的 7 天中，它的周期不仅不变慢，反而出乎意外地缩短了$\frac{1}{5\times10^{6}}$秒。直到两年半后才又恢复到原来的周期增长数值。船帆座脉冲星这种周期跳跃性变化的现象，到 1980 年 8 月前已发生过 4 次。怎么来解释这种异常的现象呢？一些天文学家提出，这是由于“年轻”的中子星在诞生初期，自转很快，随着辐射损耗了些能量，使旋转变慢。在这种变化中，中子星的固体壳层内部会产生很大应力，这种应力累积到一定的极限，就会造成壳层的断裂和收缩。一收缩，体积就变小些，旋转就快，即周期相应变短些。这种想象中的中子星的壳层断裂，不正同地壳断层变动时引起的地震相似吗？“星震”的名词就源于此。

流星是怎样形成的

流星也称为陨星。从前大家都认为流星非常神秘，于是产生了许多神话和迷信的故事。

今天的天文学家认为流星是星球破裂后的碎片。他们认为一个星球破裂后，会成为几百万个碎片，在太空沿轨道绕太阳公转。当它飞近地球，有时就落入地球大气层。

大部分的流星都很小，进入地球大气层时，同大气摩擦产生高热烧毁，只有没有烧尽的才能到达地球表面。当一颗流星到达地球时，我们称为“陨石”。迄今为止，最大的一颗陨石是在非洲，重量为 60～70 吨。

陨石分为两类：有些由石和铁结合而成，称为金属陨石；另一些则由其他矿物结合而以后沿着轨道散落，变成星尘。

彗星并不是一个坚硬的块状物体。科学家认为彗星是由飘浮的坚实物体与气体结合而成的，彗星最亮的部分是“彗头”，头部的主要部分称为“彗核”。围绕着核心的部分称为“彗发”。是一种云雾状的气体，最大直径可能有 100 万千米。由极薄的气体和细微物体凝结而成的长长的“尾巴”云雾称“彗尾”。

流星究竟是什么

流星，科学地说来，是闯入大气层的一种行星际物质，在大气层中与空气摩擦发光的现象。

原来，地球附近的宇宙空间里，除了其他行星外，还有着各种行星际物质。这种行星际物质，小的似微尘，大的像一座山，在空间按照它们自己的速度和轨道运行。这些行星际物质又叫作流星体。它们自己不发光，当它们和地球“相撞”的时候，流星体相对于地球大气的速度非常高，可达10～80千米/秒，比速度最快的飞机还快几十倍。当流星体以这样的高速度穿进地球大气时，和大气发生剧烈摩擦并燃烧，使空气加热到几千摄氏度甚至几万摄氏度，在这样高温气流作用下，流星体本身也气化发光。流星体在大气里的燃烧，不是一下子就烧完的，而是随着流星体运动过程逐渐燃烧的，这样就形成了我们看到的那条弧形光。

流　星

为什么下半夜看到的流星比上半夜多

我们看到的流星，有时多有时少。如果仔细观测，就会发现下半夜看到的流星比上半夜多。这是什么缘故呢？

在一般情况下，流星体在地球周围空间的分布是均匀的，运动速度的大小和方向各不相同。假如地球没有公转和自转，静止在天空，那么，从各个方向闯进来的流星数目应该大致相等。

由于地球以约 30 千米/秒的速度，绕着太阳公转，这就造成了不同时候出现的流星数目也不相同了。

上半夜，观测者背向地球公转的前进方向，所能看到的流星，是那些运动速度比地球公转速度大，并赶上地球闯入大气层的流星体造成的。而在下半夜，观测者面向地球公转的前进方向，这时，地球追上的流星体，或者迎面来的流星体，一旦闯进大气层，都能造成流星现象，所以看到的流星比较多。尤其是接近黎明的时候，遇到的流星最多。从黎明到中午这段时间中，流星同样比较多，但因为是白天，阳光比较强，天空很亮，所以用肉眼和光学望远镜看不到流星。

为什么会下陨星雨

夜晚，常常能见到天空中流星一闪而过，产生这种现象的流星体绝大多数都只有针尖般大小。流星体与大气撞击、摩擦、燃烧发光的同时，已成为灰烬。如果流星体比较大，没有燃烧完，其残余部分坠落到地面附近时，又发生崩裂，大大小小的石块之类的东西就落到地面上，成为陨星。一次坠落的陨星比较多的话，就被称作陨星雨。

1976 年 3 月 8 日，一场世界罕见的陨星雨降落在我国吉林省境内。

那天下午 3 时许，一颗有好几吨重的陨星，在飞速坠入吉林市地区上空时，由于与稠密的大气层相撞而燃烧、发光，形成一个耀眼夺目的大火球。火球很快分成一大两小，由东向西鱼贯前进，并发出巨雷般的爆裂声和隆隆回响，雷声未停，大小陨星纷纷落地，像雨点般陨落在吉林市北郊和永吉县、蛟河县一带，成为举世罕见的吉林陨星雨。

吉林陨星雨是世界上分布最广、数量最多、质量最大的一次极其罕见的陨星雨。

著名流星雨有哪些

下面我们介绍3个著名的流星雨。

◎ 英仙座流星雨

北天英仙座流星雨，于每年7月25日至8月25日出现，8月12日前后达到极盛。极盛时每小时出现的流星数有90颗左右。这一群流星的特点是明亮而路径长，速度比较快。流星雨辐射点在英仙座γ星附近。与这个流星群有关的彗星是1826Ⅲ。历史上对这个流星群早有记载。公元9～10世纪时，这个流星群曾经有过一段非常辉煌的时间，如公元830年7月22日，从黄昏时分一直到五更，大大小小的流星多得简直无法统计。

英仙座流星雨

◎ 天龙座流星雨

拱极星座中的天龙座流星雨，于每年10月7～10日出现，9日达到极盛。这是20世纪30年代出现的最壮观的流星雨，与之相关的彗星是贾科比尼－津纳彗星（1933Ⅲ）。1933年10月9日，欧洲许多国家都饱览了这次流星雨的盛况，据载当时每分钟的流星数达到1000个以上，共持续了3小时。天龙座流星雨具有周期性，每隔六七年可能会有一次高潮出现。

◎ 狮子座流星雨

黄道十二星座中狮子座流星雨，于每年11月17～18日达到极盛。它是非常著名的周期性流星雨，周期为33年。国际流星观测组织从1996年开始

天龙座流星雨

对它进行联合观测。它的特点是颜色淡红，速度很快，流星后面还时常拖着一条绿色的尾巴。与狮子座流星雨有关的彗星是1866 Ⅰ。有关这个流星雨的最早记载是公元902年10月12日。1833年它达到过史无前例的壮观程度，流星雨如大雪纷飞持续了7小时之久。据目睹这一盛况的一位美国天文学家估计，这次的流星总数达24万颗之多。可惜由于受到太阳系一些大行星的引力作用，这个流星群的主要部分目前已远离地球，流星雨的出现不会达到以前那样壮观程度了。

研究陨星和陨星坑的目的是什么

对于科学研究来说，陨星实在是难得的“天体标本”！因此，科学家们十分重视研究这些自己“送上门来”的天外礼物。

研究陨星有多方面的意义。直到现在，科学家对于我们自己所在的太阳系是怎么形成的，又是怎么演化的，还不很清楚。对于地球的情况，也是这样。而通过对陨星的研究，有助于这些问题的解决。

陨星和我们地球的年龄基本上是一致的，都是46亿年左右。可是，地球46亿年前是什么样子？又是怎样演变到今天这个样子的呢？在这漫长的岁月当中，由于地球内部物质运动以及表面风化作用等原因，那些地球形成初期的物质已经不存在了。陨星就不一样了，由于它的体积小，没有发生像地球那样巨大的变化，它仍旧保持着当年形成时的“庐山真面目”。这就为我们研究地球的历史，特别是地球早期的演化过程提供了宝贵的依据。

地球和太阳系其他天体都是从原始太阳星云中演变而来的，陨星很自然地就成了这个原始太阳星云的考古标本。

总之，深入研究陨星是由哪些物质组成的，结构有什么特点，怎么形成，又如何演化，等等，对于天体史、地球史、生物史以及天体物理学、宇宙化学、高能物理学和宇宙空间科学的研究等方面，都有很重要的意义。

陨星坑的情况也是这样，把地球陨星坑和太阳系天体的环形山对比研究，可以大大加深我们对太阳系的认识和对太阳系演化历史的理解！

如何知道一块石头是不是陨星

根据物质成分的不同，陨星可以大致分为三类：石陨星（陨石）、铁陨星（也叫陨铁）和石铁陨星。

陨星在高空飞行时，因与地球大气剧烈摩擦发热，表面温度达到几千摄氏度。在这样的高温下，陨星表面熔化成了液体。后来由于遇到地球低层比较浓密的大气的阻挡，它的速度越来越慢，熔化的表面冷却下来，形成一层薄壳，叫熔壳。熔壳很薄，一般在1毫米左右，颜色是黑色或棕黑色。在熔壳冷却的过程中，空气流动在陨星表面吹过的痕迹也保留下来，叫气印。气印的样子很像在面团上按出的手指印。

熔壳和气印，是陨星表面的主要特征。如果你看到的石头或是铁块的表面有这样一层熔壳和气印，那你可以立刻断定，这是一块陨星。

广角镜

硝　酸

硝酸是一种有强氧化性、强腐蚀性的无机酸，酸酐为五氧化二氮。硝酸的酸性较硫酸和盐酸小，易溶于水，在水中完全电离，常温下其稀溶液无色透明，浓溶液显棕色。硝酸不稳定，易见光分解，应在棕色瓶中于阴暗处避光保存，严禁与还原剂接触。硝酸在工业上主要以氨氧化法生产，用以制造化肥、炸药、硝酸盐等，在有机化学中，浓硝酸与浓硫酸的混合液是重要的硝化试剂。

陨石的样子很像地球上的岩石，用手掂量一下，会觉得它比同体积的岩石重些。陨石一般都含百分之几的铁，有磁性，用吸铁石试一试就知道了。

陨铁的主要成分是铁和镍，其中铁占 90% 左右，镍的含量一般在 4% ~ 8%，地球上的自然铁中镍的含量不会有这样多。

在陨铁上切割一个断面，磨光后用 5% 的硝酸酒精浸蚀，光亮的断面会呈现出特殊的条纹，像花格子一样。除了极少数含镍量特多的陨星外，都会出现这些条纹。这是辨认陨铁的一个主要方法。

通过上面的几种办法，就可以把陨星同地球上土生土长的石头和铁块区分开来了。

巴林杰陨星坑是怎么回事

陨星着陆时撞击地面形成的坑穴，叫作陨星坑。目前世界上已发现七八十个大型陨星坑。最著名的是美国亚利桑那州的巴林杰陨星坑，直径 1240 多米，深 170 多米，坑的四周比附近高出 40 米左右，酷似月球表面的环形山。20 世纪初，人们还不知道这个巨大的坑穴在什么时候又是怎样造成的，只知道从当地的印第安人有文字记载以来，它就已经存在了。美国的采矿工程师丹尼尔·巴林杰经过认真的考察和分析以后，断定它是由大陨铁碰撞而成。于是他倾其全部财产买下这块土地，并且为了将这块大陨铁挖掘起来，耗费了自己毕生的精力。巴林杰死后，他的 3 个儿子继承父志，继续向大陨石坑挑战，但是终因陨铁太大，他们父子壮志未酬。然而，人们从此对这个坑有了正确的认识。为了表彰巴林杰的功绩，美国陨星学会正式把这个陨星坑命名为“巴林杰陨星坑”。目前，科学家们认为巴林杰陨星坑是大约

巴林杰陨石坑

2 万年以前，由一个直径约 60 多米、重 10 万多吨的大陨铁撞击而形成的。

为什么卫星可以预报地震

科学家发现，地震前在震中区周围，会出现温度异常等震兆。震前由于岩石圈板块相互作用，应力不断积累，当超过岩石圈强度时，就会发生微裂隙，原储存在岩石圈内的气体，特别是温室气体，会沿着已有的裂缝溢出地面，受到太阳辐射和自身辐射，导致该地区温度增高。或者带电的微粒子从岩石圈深处渗出地表，这些带电微粒子在低空处造成电场异常，激发温室气体，使温度比正常增高几度。

当今，不少安装有遥感仪器的卫星（尤其是气象卫星）上，都有红外扫描仪，它的扫描宽度有上千千米，所测地面、水面及各种界面上的温度精度可达 0.5℃。借助大型计算机及图像处理机，能在 30 分钟内处理好一幅地球表面的温度图像，为迅速判别震兆温度异常提供了有利条件。

为什么在南极地区有那么多陨星

1912 年，澳大利亚的一支探险队在南极西北不远处威尔克斯地的冰雪中，发现了第一块陨星。这块陨星质量约 1 千克。以后又过了大约半个世纪，1961～1964 年，人们又先后在南极地区找到了 5 块陨星。

在南极地区发现的陨星特别多，范围又都比较集中。从已经找到的南极陨星来看，它们绝大多数都集中在日本昭和基地附近的大和山脉和其他高山周围，以及美国基地附近的网伦丘陵地带。科学家发现，这些集聚在一起的陨星是各种类型的陨星。这一事实清楚地说明，这些陨星原来是分散在各处的，由于某种原因，如冰层长期而缓慢地流动，才逐渐会聚到几个地区附近来的。

因为南极大陆中间部分的冰层比较厚，延伸至海岸逐渐变薄。打个比喻来说，整个大陆的冰层像个铁饼。冰层很自然地从高处向低处滑动，尽管这种滑动是非常缓慢的，但正是这种缓慢的滑动把散落在各处的陨星，一点点地集中到比较靠近海岸的地区来。如果遇到高山、丘陵地带，陨星的移动受到阻碍，便会就地停下来。

陨冰是怎么回事

从宇宙空间穿过地球大气层落到地面的天然固态物体称为陨星。陨星可以分为三类：石陨星、铁陨星和石铁陨星。除了这三类陨星外，还有玻璃质陨星，即陨冰。

陨星在降落到地面的过程中，表面温度常常可以达到三四千摄氏度以上，许多物质在这样的高温下纷纷气化，因而人们很难想象，怎么会有陨冰到达地面呢？

关于陨冰的记录的确罕见。我国古代文献中曾记载着这样一段文字：同治元年（1862）秋，日方午，有大星坠入零陵县西乡雷家冲田中。大如斗而圆，其声訇訇，久之化为水。这“大星”究竟是天外来客——陨冰，还是大冰雹？就当时的记录而言，还不足以做科学鉴定。1983 年 4 月 11 日，无锡市东门降下一块冰，随之冒起一团雾气。一位过路人还将捡到的碎冰放入热水瓶中保存。后经我国天文学家的努力，从人造卫星拍摄的当天的云图上，找到了它自宇宙空间进入大气层的轨道痕迹，以此证明它是一块罕见的陨冰。

有科学家猜测，陨冰最可能的来源应当是彗星。当小彗星闯入大气，可能有一些在大气中不能完全蒸发掉，而陨落于地面。然而，目前仍然有某些学者对陨冰持否定态度，认为证明它们是天外来客的证据不足。他们认为，从天而降的冰块极可能是地球大气内的产物。

用眼睛直接观察日食会受到伤害吗

每当发生日食，许多人都对这一天文现象感到极大的好奇，希望能仔仔细细地看看它是如何开始、如何发展变化直至最后结束。在观察日食时必须注意，不能用眼睛直接对着太阳观看。德国曾有几十人因直接用眼睛看日食而双目失明。

直接用眼睛看日食为什么会伤害眼睛，甚至使人双目失明呢？

大家都有这样的体会，用眼睛直接看太阳，即使只看短短的一刹那，眼睛就会受到很大的刺激，好久好久眼前一片昏暗，很难恢复过来。这是因为眼睛里有一个水晶体，它能起聚光镜的作用，眼睛对着太阳看，太阳光中的热能被它聚集在眼底的视网膜上，就会觉得刺眼。如果看的时间长一些，视网膜就会被烧伤而失去视力。

发生日食时，大部分时间都是偏食，月亮只挡住了一部分太阳，剩下的部分仍然和平常一样发出光和热，所以直接用眼睛看的时间长了，同样会烧伤眼睛的。

知识小链接

视网膜

视网膜是脊椎动物和一些头足纲动物眼球后部的一层非常薄的细胞层。它是眼睛里面将光转化为神经信号的部分。视网膜含有可以感受光的视杆细胞和视锥细胞。这些细胞将它们感受到的光转化为神经信号。这些信号被视网膜上的其他神经细胞处理后演化为视网膜神经节细胞的动作电位。视网膜神经节细胞的轴突组成视神经。视网膜不但有感光的作用，它在视觉中也有重要作用。

怎样科学观察日食

这里介绍一种既科学又简单的观察日食的方法。

通常可用一块涂了墨汁的玻璃放在眼睛前面看，或者把玻璃放在烟火上面熏黑。墨层的厚度要均匀，能使眼睛透过它而看到太阳成为古铜色。这样既不刺眼，又能看清楚。因为涂墨玻璃能大量地吸收太阳光中的热能，使得聚集在视网膜上的太阳光达不到烧伤视网膜的程度。也可以用一盆加了墨汁的水，观看映在水中的太阳。但由于水反射光线的本领还比较大，所以不能看得太久，要看看停停，时间长了，仍旧会损害眼睛的。

不是说任何时候都不可以直接用眼睛看日食吗？这不是绝对的，在特殊的条件下是可以的。一种是日全食阶段，这时整个太阳被月亮挡住，只剩下外围暗淡的日冕，可以直接用肉眼观测。但日全食发生的次数很少，人们难得看到，而且真正全食阶段最长的也只有 7 分 40 秒，而日食发生和发展的整个过程，前后达 2～3 个小时，绝大部分时间里仍然是偏食，还得用上面介绍的一些方法进行观察。另一种是日食发生在日出或日没的时候，这种现象叫作“带食而出”或“带食而没”，由于这时太阳光被厚厚的地球大气层“削弱”了，可以用眼睛直接观看。

天文学上为什么要用光年来计算距离

天文学上有时用千米作单位来表示数据的。例如，我们经常说，地球的赤道半径是 6378 千米，月亮的直径是 3476 千米，月亮离地球是 38 万千米，等等。但是，如果拿千米来表示恒星与恒星之间距离的话，这个单位就显得太小太小了，使用起来很不方便。

人们发现光的速度最快，1 秒钟可以走 30 万千米（精确数是 299792. 458 千米），光在 1 年里差不多走 10 万亿千米，说得精确些，就是 94605 亿千米。能不能用光在 1 年里所走的路程——光年，来作为计算天体之间距离的单位呢？这倒是个不错的主意。现在，天文学家就是用光年来计算天体之间距离的，光年已经成为天文学上的一个基本单位。

彗星与太阳相撞的后果怎样

有报纸上曾刊登出一则惊人消息，大意说：1979 年 8 月 30 日下午，一颗人造卫星在进行太阳风观测实验时，偶然观测到一颗彗星与太阳相撞的奇特现象。当时，彗星正以至少280千米/秒的速度向太阳撞去，彗尾长500万千米以上。

这是一颗不多见的掠日彗星，它是由人造卫星最先发现的。这类彗星有的穿越太阳的高温日冕，飞掠日面而过；有的则是直接撞向太阳，一去无归。

1979年的这颗掠日彗星就踏上了“不归之路”。根据人造卫星发回的观测数据，它应在8月31日到达近日点，它的近日点距离太阳中心只有0.001天文单位，约15万千米，由于太阳的半径约为70万千米，这颗掠日彗星近日点显然是在太阳内部，距太阳表层以下约55万千米的地方。看来，这颗彗星是无论如何不可能穿过太阳，到达近日点，它的归宿只能是不顾一切地向太阳撞去，最后粉身碎骨。

掠日彗星与太阳相撞的现象并不是绝无仅有的。遭此厄运的还有“18871”掠日彗星，这颗掠日彗星轨道的近日点距离太阳中心只有2.7万千米，它在远没有到达近日点之前，灾难就已降临。先是彗头在与太阳相撞时“灰飞烟灭”，残缺的彗尾也只存在了一两个星期之后，就消失得无影无踪。

彗星会撞上地球吗

1908年6月30日清晨，一个天体带着巨大的火球，在西伯利亚贝加尔湖西北约800千米的通古斯地区上空剧烈爆炸。下落的火球比清晨的太阳更加耀眼，惊心动魄的轰鸣声传至1000千米以外。事后的多次考察表明，这一爆炸极有可能是彗星撞击地球引起的。

1994年7月16日至21日，“苏梅克－列维9号”彗星的21块碎片，排成一列，像一串长达几百万千米的珍珠，连绵不断地撞向木星，撞击在木星上所留下的巨大的黑色斑点，最大的可以容纳2.5个地球。可以想象，撞击的能量有多么巨大啊！

由此可见，彗星撞击地球的可能性是存在的。不过人们大可不必惊慌失措，因为发生这类事件的可能性是微乎其微的。现代科学技术高度发达，一旦发现有彗星将与地球相撞，也可能发射飞船并携带核弹以设法改变它的运行轨道，避免与地球相撞。

彗星为什么会撞上木星

1994 年，千千万万的人亲眼目睹了人类历史上从未有过的一次宇宙事件，那就是“苏梅克－列维 9 号”彗星（以下简称 SL9）与太阳系中的最大行星——木星相撞。

彗星为什么会撞上木星呢？

天文学家通过观测和计算发现，SL9 闯进我们太阳系已有相当长的时间。它在飞向太阳系内层的途中，于 1992 年 7 月 8 日到达离木星中心只有 11 万千米左右的位置，对于半径达 7 万千米的木星来说，这是个很近的距离。木星的强大引力毫不客气地把离得如此近的 SL9 给瓦解了。待到 1993 年 3 月苏梅克夫妇和列维先生发现 SL9 时，它至少已经分裂成 21 块碎片。这些碎片排成一列，全长超过 16 万千米，有人形容它是“一列奔驰在太阳系空间的长长的列车”。

木星不仅“碾”碎了彗星，也改变了它的轨道。就在 SL9 被发现之后不久，天文学家们做出了准确的预报，不仅预报了它撞向木星将是不可避免的，也告诉了我们撞击的时间和撞在木星上的位置等。撞击事件准时发生了。当时，由 21 块碎片组成的“宇宙列车”已长达 500 万千米以上，其中半数以上的碎块的直径都超过了 2 千米。最大的碎块的直径大约是 35 千米，它是第一个撞上木星的。撞击产生出来的能量相当于 6 万亿吨

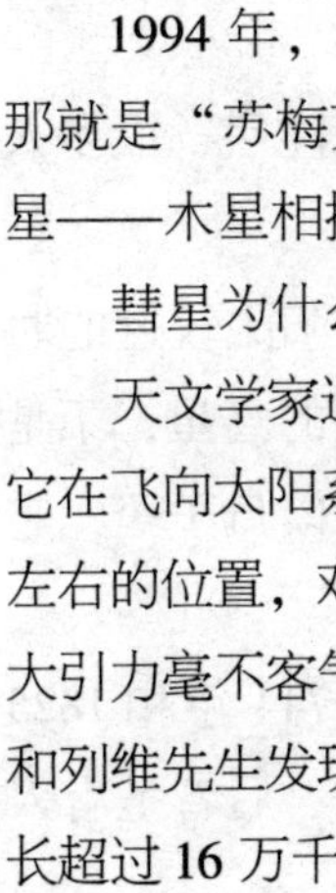

拓展阅读

贝加尔湖

贝加尔湖位于俄罗斯西伯利亚的南部伊尔库茨克州及布里亚特共和国境内，距蒙古国边界仅 111 公里，是东亚地区不少民族的发源地，如布里亚特人的居住于湖泊东侧地区，并于该地豢养山羊、骆驼、牛只及绵羊。另外，贝加尔湖有“西伯利亚明珠”之称。

TNT 当量，瞬间温度在 3 万℃以上，也许达到了 5 万℃，撞击处的直径相当于地球直径的 80%，撞击处周围的黑斑更比地球大得多。这一切说明木星受到了重重的一击。

一颗彗星怎么会有几条尾巴

1986 年，鼎鼎大名的哈雷彗星回归时，它的彗尾特别引人注目，很多人都看到它拖着两条以上的尾巴。这是怎么回事呢？

由于彗尾中既有气体又有尘埃，因此，一颗彗星走到离太阳比较近的时候，常常可能同时形成气体彗尾和尘埃彗尾，有两条以上彗尾的彗星，不是件稀罕的事。1986 年 2 月，哈雷彗星经过轨道近日点前后的一段日子里，它的尾巴的形态显得多姿多彩、富有变化，就是这个原因。

到目前为止，人们观测到的彗尾最多的彗星分别出现在 1744 年和 1825 年。前者是一位瑞士天文学家看到的，一颗彗星拖着 6 条尾巴；后者是有人在澳大利亚观测到的，一颗彗星拖了 5 条尾巴。

彗星常常会有两条以上的彗尾是可以肯定的，天文学家往往还能从彗星照片上，发现肉眼无法辨认的暗淡彗尾。

彗星预示灾难吗

我们已经知道，彗星是由彗核、彗发和彗尾三个部分组成的，彗核由比较密集的固体质点组成，周围云雾状的光辉就是彗发，彗发是由冰粒以及宇宙尘组成。彗核和彗发合称为彗头，后面长长的尾巴叫彗尾。大部分彗星不停地环绕太阳沿着扁长的椭圆轨道运行。彗星每接近太阳一次，就有一次损耗，日子一长，它就分崩离析，崩裂的彗星成了流星群和宇宙尘，散布在广漠的宇宙空间里。

为什么彗星会与灾难有联系呢？1066 年诺尔罗征服英国前，出现了一颗彗星；1666 年伦敦大火灾以及在此之前的鼠疫发生时，人们分别发现了两颗彗星，还有一些类似的例子。也许正是这些偶然的巧合，使人们误认为彗星的出现是灾祸的预兆。实际沿着一定的轨道环绕太阳运转的一大团冷气并夹杂着冰粒和宇宙尘的彗星，不会与地球上所发生的事情有任何联系。其实彗星是一种自然存在的，是和人类的命运根本没有关系的天体。尽管有的彗星彗发部分的直径达 100 多万千米，但它毕竟只是一团稀薄的气体，不能对它所经过的物体产生影响。

太阳会死亡吗

太阳是一个由炽热气体组成的巨大火球，亿万年如一日地在空中熊熊燃烧。从天文学的角度来看，太阳只是银河系中一颗非常普通的恒星，并且，与任何其他天体一样，都要经历诞生、成长、死亡的过程。

知识小链接

燃　烧

燃烧是物体快速氧化，产生光和热的过程。燃烧需要三种要素并存才能发生，分别是可燃物如燃料、助燃物如氧气以及温度要达到燃点。燃烧三要素并称为火三角。助燃物是燃烧反应中的氧化剂，氧气是燃烧反应中最常见的助燃物，但其他化合物也可能是助燃物，例如镁带可以在二氧化碳中燃烧，此时二氧化碳即为助燃物。

太阳今天的年龄已有近 50 亿岁。太阳是通过热核聚变，靠“燃烧”集中于它核心处的大量氢元素而发光、发热的，它平均每秒钟要消耗掉 600 万吨氢。太阳中储备的氢元素，可以供太阳像这样继续燃烧 50 亿年。那 50 亿年后，太阳会怎么样呢？到那时，它的温度可高达 1 亿多摄氏度，内部会导致氦聚变的发生。接着太阳很快便会极度膨胀，进入所谓“红巨星”阶段，它的光亮度将增至如今的 100 倍，并把靠它最近的行星如水星、金星吞噬掉。

地球也会变得越来越热，甚至也被极度膨胀的太阳吞没，生命将无法继续生存。随着时间的推移，太阳会越来越快地耗尽它的全部核能燃料，步入风烛残年，随之塌缩成一颗暗淡的白矮星。最后，在那无坚不摧的万有引力作用下，太阳再次收缩，成为一个无光无热的“褐矮星”，黯然消逝在茫茫的宇宙深处，结束它辉煌而平凡的一生。

星系会互相吞并吗

星系这些庞然大物在宇宙中并非静止不动的，而是高速向外膨胀。在星系团内，星系的空间密度比较高，星系间的距离为星系直径的 10～1000 倍。在引力的作用下，星系可以在几亿年的时间内就移动相当于本身直径那么大的距离。因此，在宇宙年龄 150 亿～200 亿年内，星系的碰撞是不可避免的。

一旦星系互相接近、交会甚至发生碰撞，潮汐力的作用便会对星系的结构、动力学状态以及星系内部恒星的形成产生巨大的影响。在碰撞过程中，星系中的气体云可能会坍缩，在激烈的爆发中形成几百万颗新恒星。哈勃空间望远镜最近拍摄的一张图像揭示了这一灾变的结果。在南天的乌鸦座有一对正在碰撞中的星系，它们都是漩涡星系。现在有相当多的天文学家认为，大部分较大的椭圆星系是由两个质量相当的漩涡星系相互吞并而形成的。

哈勃空间望远镜的最新观测结果，还揭示了星系碰撞有时可能导致类星体的诞生。两个碰撞星系中，其中一个星系中心的大质量黑洞，吸入另一个星系中的恒星和气体，随着物质大量掉入黑洞，会产生出一股非常强烈的辐射。

为什么许多科学实验只能在太空中完成

地球上的所有物质特性、物质生产都会受到地球重力的影响，因此很多优质的材料在地面上无法生产。而在太空则不同，由于失重，不同密度物质的沉淀和分层现象消失，含有几种元素的熔融态金属，不论它们的密度相差多大，由于在凝固结晶过程中不存在热扰动，因此可制造出成分非常均匀的合金或金属基复合材料。

在微重力条件下，由于无浮力，液滴较之地面更容易悬浮，冶炼金属时可以不使用容器，进行悬浮冶炼。这样可使冶炼温度不受容器耐温能力限制，进行极高熔点金属的冶炼，还可避免容器壁的污染，改善合金的晶相组织，提高金属的强度和纯度。

微重力环境里，气体和熔体的热对流消失，这可以在太空中制造出一些高纯度、大尺寸半导体单晶和分离出活的细胞和蛋白质，从而造出纯度很高的化学物质、生物制剂和特效药品。在地面上很难制出高纯度的药，即使生产出来也要付出极大的代价，有时为了取得1克的生物物质，往往需要用几十吨的原料。太空制药与地面相比，药品纯度可提高5倍，提纯速度可提高400～800倍，1个月的产量相当于地面上的30～60年的产量。

所以说，太空是人类的一个得天独厚的实验室。

地球上的生命来自天外吗

地球上的生命是从哪里来的呢？是地球上土生土长的还是来自其他星球呢？这是人们最为关心的问题，人们在研究这一问题的过程中形成了两种对立的观点。一种观点认为原始的生命物质是地球自身演化的产物，原始的生命可能是由几种化学元素（碳、氢、氮等）经化学反应在一定的地球环境下化合而成的。1952年美国青年科学家米勒在实验室模拟地球早期状态，让水、氨、甲烷和氢化物置于紫外线照射之下，获得了一些可构成蛋白质的简单氨基酸。这就使生命起源于地球的学说获得广泛的支持。

另一种对立的观点认为原始生命物质是来自地球以外的宇宙空间。在地球之外的太空中存在含有生命的孢子，孢子有厚厚的外衣保护，有很强的生命力。当它们漂落到地球上之后，便会在适当的条件之下开始最初的生命演化。但是1910年有人做实验证明，孢子免不了遭受太空中各种高能射线的杀伤，因此一个时期这种生命来源于天外的学说便受到冷落。科学发展往往是曲折迂回的，近年来一系列重要发现使得“天外来源说”又重新引起人们的重视。(一) 科学家们在太空中发现了50多种有机分子，这些复杂的有机分子为合成氨基酸提供了物质基础和可能性；(二) 人们在陨石中分离出了少量氨基酸，这说明在太空中是可以合成生命小分子的，生命可以通过陨石带到地球上而不必经过孢子。

所有这些事实都对生命起源于天外的学说是有利的。但是究竟生命起源于宇宙太空，还是地球自身演化来的，这个问题的答案，还有待于今后科学的发展才能找到。

基本小知识

氨

氨是一种无色气体，有强烈的刺激气味。极易溶于水，常温常压下1体积水可溶解700倍体积氨。氨对地球上的生物相当重要，它是所有食物和肥料的重要成分。氨也是所有药物直接或间接的组成。氨有很广泛的用途，同时它还具有腐蚀性等危险性质。由于氨有广泛的用途，氨是世界上产量最多的无机化合物之一，多于八成的氨被用于制作化肥。

月亮为什么不会掉下来

我们都有这样的经验，用绳子拴一个石块匀速旋转，如果转得快，石块就不会掉下来而做圆周运动，这时我们手上感觉到石块受到一种向外的力量，这就是石块做圆周运动所产生的离心力。但是绳子张力刚好抵消了这种离心力，所以石块做圆周运动。如果我们剪断绳子，石块就会沿圆周切线方向飞离而去。如果石块旋转得慢，速度很小，石块就会掉下来。

月球围绕地球的运动和这个例子相似。月球离我们384400千米，月球围绕地球运行一周要走过半径为384400千米的圆周，大约需要27.3天的时间。就是说，月球在以1.017千米/秒的速度运行。如果没有地心引力，月球就会以1.017千米/秒的速度沿轨道切线方向飞离地球。地球引力使月球沿着弯曲的轨道运行，成为地球的卫星。如果月球没有速度或运行速度还不到 1 千米/秒，那么月球就会在地球引力作用下掉到地面上。因为月球具有 1 千米/秒的圆周运动速度，所产生的离心力恰好和地球吸引力相抵，所以月球就永远围绕地球旋转而不掉下来。

地球自转 1 周正好是 1 天吗

地球自转1 周的时间是 23 小时 56 分钟，可是地球上的 1 天却是 24 小时。这不是矛盾了吗？

我们日常生活中的一天，就是昼夜交替一次的时间。用什么标准来计量一天的长短最准确呢？

天文学家选取了太阳过子午线，也就是太阳到达地球上某地最高位置的时刻作为时间起算标准。太阳这一次经过子午线，到下一次经过同一地方子午线之间的时间就是 1 天，这中间所需要的时间是 24 小时。

如果地球只有自转没有公转，那么，由于地球的自转，太阳 2 次过子午线的时间，就是地球自转 1 周的时间。

事实上，地球在自转的同时，还绕着太阳公转。当地球自转了 1 周以后，由于公转运动的原因，地球不在原处了，而从 1 点移到了 2 点。第一次正对着太阳的那一点，在地球自转了一周后，还没有再一次正对太阳，必须要等地球再转过一个小角度后，才正对太阳。地球自转过这个角度的时间，约需要 4 分钟。

在太阳 2 次经过子午线的时间中，实际地球自转了 1 周多一点，这段时间才是我们日常生活中的 1 天——24 小时。

这样，在地球绕太阳公转 1 周后，地球自转的周数实际比 1 年中的天数要多。

阴历和阳历是怎样来的

阳历，顾名思义，是根据太阳来的，就是将地球绕太阳公转 1 圈的时间作为一个计算时间的单位。地球公转1圈是365.2422天，也就是365天5小时48分46秒，为了使用方便，通常以365天作为1年。这就是阳历的1年。

由于365天里，月亮大致圆缺变化12次，因此就将1年分为12个月。365天无法平均分配在12个月里，就用大月和小月的办法来安排。大月31天，小月30天；2月份也是小月，但只有28天。12个月加起来，1年就是365天。

阴历是从月亮而来。月亮的圆缺变化很有规律，平均29.53天变化一次，人们把这段时间作为计算时间的单位，叫作月，大月30天，小月29天。由于从冷天到热天再到冷天的变化周期里，月亮圆缺变化12次多一些，因此就以12个月（阴历月）为1年（阴历年）。1年是354天或355天，这就是真正的阴历。在古代，中国和埃及，阴历都是最先使用的历法。

月球上的1“天”有多长

月球上的1“天”究竟有多长呢？天文学家告诉我们，月球上的1“天”等于地球上的29.5天。

地球自转造成了白天和黑夜的交替，它对着太阳的一面是白天，背着太阳的一面是黑夜，每交替一次，就是我们地球上的一天。

月球也在自转，对着太阳的一面也是白天，背着太阳的一面也是黑夜。不过月球的自转比地球慢得多，需要地球上的27.3天的时间，所以月球上的1“天”，比地球上的1天要长得多。

既然月球自转一周是地球上的27.3天，那么为什么月球上的1“天”，等于地球上的29.5天，而不是27.3天呢？

原来月球一边在自转，一边还在绕着地球公转，而地球又绕着太阳公转。当月亮转了一周之后，地球也在绕太阳转的轨道上走了一段距离，因此经过27.3天后，月球原来正对太阳的那一点现在并没有正对太阳，还要再转过一个角度，才能正对太阳，这段时间要2.25天，把27.3天加上2.25天，不是差不多等于29.5天吗？

八大行星排成“十字连星”会引起灾难吗

我们知道，太阳系的八大行星在各自的轨道上，以不同的周期绕太阳运转。有时太阳和八大行星会出现一些有趣的排列。例如，1982 年，八大行星运行到太阳同一侧的一个扇区内，从太阳看去，八大行星好像一连串的珠子，形成罕见的天象“八星连珠”。1999 年 8 月 18 日，八大行星以地球为中心排列成所谓的“十字连星”。这些都是天体运行过程中的自然现象，完全符合人们早就总结出来的行星运动三定理和牛顿万有引力定律。

但是，这些现象却被有些人广为宣传。他们危言耸听，著书立说，说什么“人类的大灾难到了”。这些“预言”所谓的“科学依据”是，当八大行星排列成“九星连珠”、冥王星和“十字连星”时，它们的电磁场和万有引力叠加在一起，会引起地球上洪涝、地震、火山爆发等一连串大灾难，甚至可以突然刹住地球的自转，将地球扯破。

许多严肃的科学家对此据理反驳。由于其他七大行星离地球很远，即使它们真正排成一条直线，而不是“看起来排成一列”，它们对地球的起潮力总和还不到月球起潮力的十万分之一。这样算来，最多可使海潮增高 0.06 毫米。如果这些行星不是排成一条直线，而是排成什么“十字连星”，那么它们对地球的万有引力，将互相抵消掉一部分甚至全部，其影响更是子虚乌有。至于电磁场的影响更是微不足道。

超新星爆发会影响到地球吗

超新星是恒星演化到晚年的表现。超新星爆发时，它会向其周围的宇宙空间喷射出大量的物质，并且发射出各种高能射线，使其成为宇宙中一个持续时间较长的辐射源。

一些研究者就曾指出，超新星爆发是造成一些古生物大量灭绝的祸首。因为超新星抛射出来的大量宇宙射线，尽管距离遥远，仍然有可能到达地球，从而它有可能促使地球臭氧层发生变化，使紫外线和放射性辐射对生物的危害性增强，甚至导致生物的大量死亡。另外，宇宙射线强度的变化，还会导致气候（温度、降水和云量等）异常，使旱、涝、疾病等灾害频繁发生。高能宇宙射线的增强，还会影响地球的磁场，使地磁场发生持续剧烈的变化，这不仅会影响地球生物的正常生长，还会诱发地震的发生，等等。

总之，如果超新星爆发发生在离地球不是太远的地方，它还是会对地球产生一定影响的。只是这种影响究竟能达到什么样的程度，还有影响产生的具体机制，迄今还不是十分清楚。

宇宙中的星球会相撞吗

如果地球同其他星球靠得很近，同时又是面对面运动的话，也许有可能互相碰撞。

靠地球最近的星球当然是月亮，但是它同地球的平均距离就有 38 万多千米。月球有规则地绕地球运转，不会同地球相撞。

太阳离地球更远，平均距离约为 1.5 亿千米，如果你步行到太阳去，得走 3400 多年。地球又是规规矩矩地绕太阳公转的，因此根本撞不到太阳上去。

至于太阳系的其他行星，太阳的引力迫使它们各就各位，在自己的轨道上运行，相互之间也是不会碰撞的。

太阳系附近的宇宙空间里，恒星之间的平均距离在 10 光年以上。所有的恒星运行也都是

拓展阅读

臭氧层

臭氧层是指大气层的平流层中臭氧浓度相对较高的部分，其主要作用是吸收短波紫外线。大气层的臭氧主要以紫外线打击双原子的氧气，把它分为两个原子，然后每个原子和没有分裂的氧合并成臭氧。臭氧分子不稳定，紫外线照射之后又分为氧气分子和氧原子，形成一个继续的过程臭氧氧气循环，如此产生臭氧层。自然界中的臭氧层大多分布在离地 20 ~ 50 千米的高空。

有规律的，太阳和所有银河系的恒星都围绕银河系中心在旋转，而不是没有规律地横冲直撞。因此在银河系内，恒星之间碰撞的可能性很小。科学家计算过，在银河系里，平均说来，恒星的相碰大约每100亿亿年才会发生一次。

恒星真的不动吗

恒星不但不是静止不动，而是大动特动。它们在天上运动，各有各的方向，有的向地球方向奔来，有的离地球远去，而且快慢也不相同。比如，猎户座的“参宿七”这颗星，以21千米/秒的速度飞离地球；御夫座的“五车二”星每秒钟可以跑30千米；金牛星座的“毕宿五”星跑起来更快了，速度为54千米/秒。

还有好些速度更快的恒星，如天鸽星座里面的一颗星，运动的速度竟然高达583千米/秒，这真是星星中的快跑能手了！

恒星动得那么快，为什么我们看不出来？天空中星座形状看上去也没有什么变化呢？

恒星看上去不动的原因是它们离地球实在太远了，以最近的恒星——半人马座比邻星为例，离我们约40万亿千米，即使它以70千米/秒的高速度运动，至少要过200年才会移动月亮直径那么大一段距离。何况大多数恒星离我们要比比邻星远得多，难怪看不出它们的运动了。

星星为什么有不同的颜色

星星为什么会有不同颜色呢？其实，星星颜色的不同，说明它的表面温度不同。太阳光看上去是白色的，实际上由红、橙、黄、绿、青、蓝、紫七种颜色的光组成。星星的温度越高，它发出的光线中蓝光的成分就越多，看上去这颗星就呈蓝色；如果这颗星的温度很低，那它发出来的光线中红光的成分多，看上去它就是一颗红颜色的星星了。

因此，恒星的颜色是由它的表面温度所决定的，不同的颜色，代表着它们有着不同的表面温度。

这样，我们就可以根据星星的颜色，来估计一颗恒星的表面温度大约是多少了。太阳看上去是黄颜色的，它的表面温度是6000℃；织女星发出白色光，那它的温度就比太阳高，差不多有1万摄氏度；天蝎座那颗亮亮的“心宿二”，从它的火红色就可知道它的表面温度不会超过3600℃。

离我们最近的恒星是哪颗

在这浩瀚无边的恒星世界里，哪一颗恒星离我们最近呢？

离我们最近的恒星当然是太阳，太阳与我们的距离是1.5亿千米，从太阳上发射出来的光，只需499秒就到达地球了。

除了太阳，离我们地球最近的，而且能用肉眼看得见的恒星，是半人马星座中最亮的α星——“南门二”，与我们的距离是41万亿千米，比太阳离我们远27万倍。从“南门二”发射出来的光，要经过4年零3个月的时间才能到达我们地球上。其实，天空中还有一颗恒星比“南门二”离我们更近，也在半人马星座里，与地球的距离大约是40万亿千米，相当于4.22光年。除了太阳以外，它就是距离我们地球真正的最近的恒星了。天文学家给它起了一个形象的名字，叫作比邻星。

比邻星靠近“南门二”的附近，并与“南门二”一起相互绕转。原来，“南门二”是颗双星，比邻星就是“南门二”的一颗子星。但是比邻星的亮度太暗了，视星等才11等，所以我们用肉眼观看时，只能看到“南门二”，而看不见更近的比邻星。

“地球名片”是怎么回事

“地球名片”是人类送给“外星人”的。科学家认为，“外星人”是可能存在的，或者把他们叫作高等智慧生物吧。茫茫宇宙中有那么多的星球，只要某颗星球上具备了像地球这样的环境和条件，以及有利于生物发展的其他条件，生命就会产生和发展起来。地球上的人类不是也绝不可能是宇宙间的孤独者。尽管直到今天，我们还没有找到“外星人”的可靠线索，我们不妨在继续寻找的同时，对外发布消息，宣告人类的存在。也许“外星人”也正在宇宙的某个“角落”，向周围张望，寻找我们呢！

1972 年 3 月和 1973 年 4 月，美国先后成功发射了“先驱者”10 号和“先驱者”11 号探测器，它们携带着两张完全一样的“地球名片”，飞离太阳系，在茫茫宇宙中寻找“外星人”。

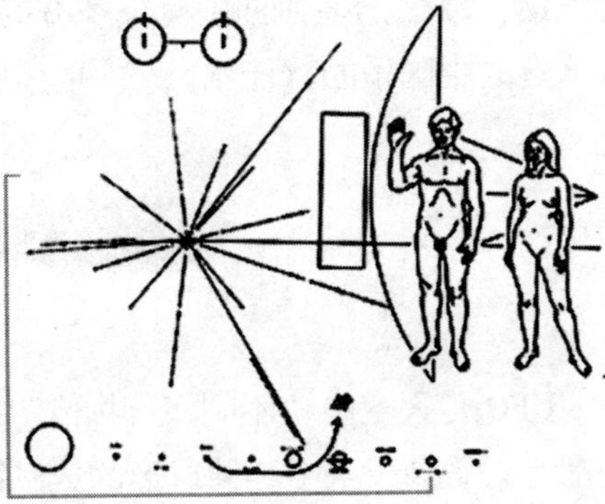

地球名片

“地球名片”上写着什么呢？它是一块 22.5 厘米长、15 厘米宽的镀金铝板。“名片”的左半部从上到下是：氢原子的结构，氢是宇宙间最丰富的化学元素，哪儿的科学家都懂得这一点；放射线代表离地球最近的一些脉冲星的位置；最下面的一个大圆圈和 9 个小圆圈分别代表太阳和九大行星，探测器则是从第三颗行星——地球发射出去的。名片的右半部分主要是一男一女的画像，代表地球上的人类。尽管“外星人”的形态可能与我们有很大差别，科学家们相信人类的形象不大可能被误解，尤其是男的，正举手致意。

什么是“地球之音”

1977 年 8 月和 9 月，人类成功发射了“旅行者”1 号和“旅行者”2 号探测器，再次向“外星人”做了更详细的“自我介绍”。这次，它们各自携带了一张称为“地球之音”的唱片，上面录制了丰富的地球信息。这两张唱片都是镀金铜质的，直径为 30.5 厘米。唱片上录有 115 幅照片和图表，35 种各类声音，近 60 种语言的问候语和 27 首世界著名乐曲等。

115 幅照片中包括我国八达岭长城，以及中国人围坐在圆桌旁吃宴席的情景。此外还有太阳系、太阳在银河系中的位置和银河系大小等示意图，卫星、火箭、望远镜等仪器设备和各种交通工具的图片，等等；35 种声音包括风、雨、雷电声，火箭起飞和交通工具行驶时的声音，以及成人的脚步声和婴幼儿的哭笑声；60 种问候语中有三种是我国南方的方言，即广东话、厦门话和客家话；27 首著名乐曲中有贝多芬的交响曲、脍炙人口的圆舞曲，以及用古琴演奏的中国乐曲《流水》，等等。

UFO 是什么

UFO 是天空中“不明飞行物体”的英文缩写。报章杂志不断报道世界各处都有人看到天空中有种球形的或圆碟形的物体，所以有人又把它们叫作飞碟。有一架在新西兰上空飞行的飞机上的乘客，就曾看到机外夜空中有个快速飞行的发光的圆球，恰好飞机上有一个电视摄制组，他们拍摄了这个不明飞行物。于是，世界上的人在电视屏幕上也看到了这一神秘的发光物体。它究竟是什么呢？目击者们众说纷纭，有人认为是金星，有人认为不过是光的幻觉而已，另一些人则认为是来自其他星球的宇宙来客。大多数天文学家现在都认为这些人所看到的几乎肯定是金星。在那个时候，金星正好十分明亮而容易看到，而且从飞机上看去，金星好像在快速飞行。现在遍及全球的 UFO 的目击事件报道很多，科学家们也各持己见，目前还没有一个科学的论断。

趣味点击

圆舞曲

圆舞曲，有时音译为“华尔兹”，是奥地利的一种民间舞曲，18 世纪后半叶用于社交舞会，19 世纪开始流行于西欧各国，它采用 3/4 拍，强调第一拍上的重音，旋律流畅，节奏明显，伴奏中每小节仅用一个和弦，由于舞蹈时需由两人成对旋转，因而被称为圆舞曲。

“飞碟”果真是天外来客吗

从 1947 年发现“飞碟”以来，有成千上万的人自称亲眼目睹过“飞碟”。“飞碟”究竟是什么东西？是从什么地方飞来的？人们对此众说不一，其中最激动人心的说法是：“飞碟”是其他星球上高等智慧生物发射来的飞船。

生命应该是宇宙间的普遍现象，在无限的宇宙中，除了地球上有人类存在以外，在其他星球上，只要有适当的条件，同样可能存在着生命，甚至存在高度智慧的生物——“外星人”。但是，为使生命得以在一颗星球上发生和发展，并且不致半途夭折，不仅这颗星球必须具备生命存在和发展的条件，而且它所属的恒星也必须在数十亿年内处于一个大体上是稳定的状态和合适的宇宙环境。有人估计，在我们银河系 1000 多亿颗恒星中，具备这种条件的星球不超过 100 万颗。即使这 100 万颗星球都存在生命，并都发展成为高等智慧生物，掌握了高超的航天技术，他们每年各派一艘飞船在银河系内进行考察，那么一艘太空船进入我们太阳系的机会也是万载难逢的。

从上面的分析看来，“飞碟”是天外来客的可能性实际上可以排除。

基本小知识

离心力

离心力，是一种惯性力。当物体在做非直线运动时（非牛顿环境，例如圆周运动或转弯运动），因物体一定有本身的质量存在，质量造成的惯性会强迫物体继续朝着运动轨迹的切线方向（原来那一瞬间前进的直线方向）前进，而非顺着接下来转弯过去的方向走。

太空垃圾会不会威胁航天活动

自从人类开始航天活动以来，火箭发射后的遗骸、失效的人造航天器等自行爆炸或互相碰撞，形成越来越多的空间碎片。这些空间碎片长期滞留在地球的外层空间，被称为太空垃圾。太空垃圾在不同高度、不同轨道平面上运行，在地球周围形成一层层的“包围圈”，严重污染了地球的外层空间环境。

太空垃圾的存在，使得航天器的发射和运行受到严重威胁。太空垃圾往往以极高的速度绕地球飞行，如果航天器在发射或运行过程中，与某颗空间碎片发生撞击，那么，由于它们之间相对速度非常大，航天器将会受到严重损坏。1996 年 7 月 24 日，法国的一颗人造卫星突然发生翻转，不再面朝地球，完全失去控制。经过仔细观测和研究，这颗卫星用于姿态控制的重力梯度杆，被一块空间碎片撞了一下，从而使得这颗卫星失效。这次“太空事故”的“肇事者”就是欧洲的“阿里安”火箭发射后留在空间的碎片。

所以，如果不加控制地任意向太空发射航天器，地球有可能最终被厚厚的太空垃圾层封闭，使航天活动严重受阻。现在，世界各国已认识到这个问题的严重性，并从改进火箭和航天器的设计及进行国际立法来限制太空垃圾的增加。

怎样才能飞出地球

人造卫星怎么飞出地球，逃脱地球引力束缚呢？这是因为科学家赋予了它巨大的速度。

大家知道，月球和地球之间也有万有引力，为什么月球掉不下来呢？原因在于月球不断地绕地球旋转，在月球旋转的时候，它产生了离心力，这股离心力足以抗衡地球引力对它的束缚。所以它高高地悬挂在天上而不会掉下来。

因此，要让发射的人造卫星绕地球旋转而不掉下来，就需要使它具有能抗衡地球引力的离心力。

科学家算出，离心力的大小与圆周运动速度的平方成正比。据此我们可以算出，要使物体不落回地面的速度是 7.9 千米/秒，也就是说，物体如果达到7.9千米/秒的速度，它就会永远地绕地球运行而不会从天上掉下来。我们称之为第一宇宙速度，也叫环绕速度。

如果物体的速度超过7.9千米/秒又会是什么样呢？通过计算和实验我们知道，这时物体的运动轨道将不是圆形而成了椭圆。速度越大，椭圆就压得越扁。当速度达到11.2千米/秒的时候，这个椭圆就合不拢了。也就是说，物体将会逃离地球的束缚，飞向行星际空间。所以，11.2千米/秒，我们称它为第二宇宙速度，也叫脱离速度。人们若想要从地球飞到月球或别的行星上去，就要达到这样的速度。

人造卫星会掉下来吗

人造卫星在预定的太空轨道上运行，一般是不会掉下来的，因为地球对它的引力和卫星的离心力保持着一种平衡的状态。可是，卫星的轨道会因这样和那样的问题发生微妙的变化，如近地空间的空气阻力、太阳辐射的压力以及其他星球的引力等等，都会妨碍卫星的正常运行，致使卫星有掉下来的可能。

为了保证卫星正常的运行姿态，科学家为卫星设计了自旋稳定的方案，也就是让它环绕自身的轴线快速地飞转。因为一个向前运动的物体，同时快速自转，运动的方向就不会受到外界的影响，运行姿态比较稳定。

卫星的自旋稳定装置，是它尾部的一个小喷嘴。在卫星脱离最后一级火箭时，安在卫星尾部的小喷嘴就会喷出气体，使卫星快速地飞转。对于一些不适合通过自旋来保持稳定的卫星，另外设有自动纠偏系统，当卫星偏离轨道时，会适时作出反应，产生推力，让卫星正常运行。

最大的火流星是哪一年发生的

有史以来最大的火流星，当推1908年6月30日早晨坠在俄国西伯利亚通古斯地区的那颗。那天清晨，一个比太阳还耀眼的巨大火团呼啸而下，同时伴有震耳欲聋的轰鸣声，最后爆炸时发出的巨响，即使远在千里之外，也可清楚听到。爆炸气浪的冲击波，竟绕地球转了整整两圈！它落地时造成的震动扰乱了世界所有的地震记录仪，巨大的气浪还击倒了几百千米范围的一切树木。倘若它“误点”5 个小时，则当时俄国的首都圣彼得堡就要在地球上消失了。

事后，人们在落地中心处找到了一个直径 46 米的深坑，在其周围 3 千米地区，直径在 1 米以上的坑洞竟有 200 多个。但令人困惑不解的是，虽经几个考察队的仔细的搜索找寻，估计这颗原来有 4 万吨重的陨星却“消失”了，许多年过去只找到一些含硅酸盐和磁铁矿的微粒这就是举世闻名的“通古斯之谜”。

最大的陨星坑在哪里

科学家们算过，如果陨星落地的速度超过 4 千米/秒（比声速快 10 倍），它在落地时会粉身碎骨，炸成很多碎片，而被它碰到的任何物体，也会在顷刻之间气化，最后在地面上留下一个漏斗状的大窟窿——陨星坑。现在已知的陨星坑已不下 150 个，但经考证确凿无疑的最大的陨星坑，位于美国亚利桑那州北部的科科尼诺县。它发现于 1891 年，其直径达 1245 米，坑最深处有 172 米，坑边的周围比附近地面高出 40 多米。它内壁的坡度很陡峭。人们在它四周已搜集到了几吨陨铁的碎片，最大的一块碎片重 450 千克。

巨型陨星坑

人造卫星帮助人们大开眼界。它在前苏联东西伯利亚最北处的哈坦加河附近，发现了一个直径竟达 100 千米的陨星坑，它下凹 400 米。推测这颗直径约为 1500 米的大陨星是在几千万年前坠落的，估计它原来是颗小行星。

是我国最先发现卫星的吗

在哥白尼以前，人们认为我们地球是静止不动的，处于宇宙的中心。太阳、行星乃至恒星，都与月亮一样，在绕地球不停地做周日运动。

16 世纪，波兰天文学家哥白尼（1473～1543）根据毕生研究的成果，终于在其临终前把他的观点公布于世。1543 年《天体运行论》正式出版，这犹如巨石投河，顿时掀起了轩然大波：地球不再是上帝的宠儿，只是与其他行星一样绕太阳运动的普通天体，万物“造主”的栖身之处——天堂也化为乌有了……

哥白尼为人们描绘了太阳系的本来面目：地球与其他行星都是绕太阳运行的行星，而月球在绕地球运转。但是，人们当时还不知道，其他许多行星也有自己的卫星。望远镜发明后，意大利学者伽利略便把它指向天空，这使人们眼界大开，发现了很多人们做梦也未想到的奇迹。其中之一便是在 1610 年初第一次发现了木星的卫星——木卫 1、2、3、4。这四个绕着木星旋转的卫星，可以作为支持哥白尼日心学说的一个有力证据。为了纪念伽利略的这个功绩，后人把这 4 个最早发现的卫星一起称作伽利略卫星。

基本小知识

日心说

日心说，也称为地动说，是关于天体运动的和地心说相对立的学说，它认为太阳是银河系的中心，而不是地球。哥白尼提出的日心说，推翻了长期以来居于宗教统治地位的地心说，实现了天文学的根本变革。

日心说的观点是：

1. 地球是球形的。如果在船桅顶放一个光源，当船驶离海岸时，岸上的人们会看见亮光逐渐降低，直至消失。

2. 地球在运动，并且 24 小时自转一周。因为天空比大地大得太多，如果无限大的天穹在旋转而地球不动，实在是不可想象。

3. 太阳是不动的，而且在太阳系中心，地球以及其他行星都一起围绕太阳做圆周运动，只有月亮环绕地球运行。

最近事情又有了喜剧性的变化，根据中国天文学家的考证和实地模拟试验证明，我国古代战国时期的天文学家甘德早在公元前 364 年夏天就发现了木卫 8。他明确指出，木星“若有小赤星附于其侧，是谓同盟”。

唯一的天然“同步卫星”是哪颗

卫星的数目这几年增加得十分快。“旅行者”号飞船对于木星和土星的探索，使卫星数超过了 50 颗！而且研究的进展，新发现还会接踵而来。但撇开这些刚发现还未有准确轨道数据的小卫星不谈，即有 34 颗卫星，其中有 12 颗是在 20 世纪内发现的。最新发现的是 1978 年 6 月 22 日美国海军天文台发现的冥王星卫星。当时，他们发现底片上的冥王星有一处被“拉长”了，好像长了一个“瘤”，追查以前的底片，也莫不如此。以后，其他天文台也排除了底片颗粒效应等可能性，肯定是一颗离冥王星很近的卫星。

根据天文学家的计算，冥王星卫星的半径约 425 千米，绕冥王星的轨道是个正圆，周期 6.4 天，离冥王星中心的距离为 19000 千米。它也是迄今知道的唯一的天然“同步卫星”。就是说，从冥王星上看来，它一直固定在天空中某处不动。

最长的日食时间有多长时间

从理论上计算，日全食最长的时间极限是 7 分 31 秒。不过近几百年来，地面上发生的日全食还没有记录到那样长的时间。实际观测中历时最长的一次日食是在 1955 年 6 月 20 日，那次在太平洋上观测的时间长达 7 分 15 秒。根据计算，公元 2186 年 7 月 16 日，可以在大西洋上看到一次长达 7 分 28 秒的日全食，这只比极限时间短 3 秒钟。

科学发展到今天，天文学家获得更多的宝贵资料，已可坐着超音速的喷气机去追赶月影，这样所看到的日全食时间可长达到 10 分钟以上。创纪录的是法国科学家，他们在 1973 年 6 月 30 日发生于非洲日全食观测中，利用“协和式”飞机去追赶月影，使时间延长到 74 分钟，真是一个奇迹!

日环食的极限时间比日全食稍长，可达 12 分 4 秒，如 1955 年 12 月 14 日在我国海南岛、台湾等地所见的一次日环食就有 12 分钟。而月全食的时间因为地球影锥远比月亮大得多，一般可长达 1 个多小时。

第一个按星座给恒星取名的人是谁

公元前 3 世纪，古希腊从喜帕恰斯研究恒星开始，一两千年来，对天上的一些亮星都逐步取了名字，一群群的星星也被划分成“星座”。

1603 年，德国的巴耶尔建议：把每个星座内较亮的恒星，按照亮度顺序，以希腊字母加上星座名称，作为恒星的名字。希腊字母有 24 个，它前面的几个是：α、β、γ、δ、ε、ζ、η、θ……例如，大犬座 α（天狼星）是大犬座里最亮的一颗星，英仙座 β（大陵五）是它所在星座的第二亮星，仙王座 δ（造父一）是所在星座的第四亮星，等等。

望远镜发明之后，这种方法就遇到了困难，因为望远镜内繁星众多，24 个希腊字母怎么也分配不过来，而且按亮度排列既不方便又不准确。因此，在编制星表时，往往根据恒星位置，来给它命名，有的甚至无规律地给恒星编号。例如 HD（亨利·德雷伯星表）48915 是大犬座 α 星，HD22049 是波江座 θ 星，等等。

虽然如此，国际上对一些著名的亮星仍然普遍采用巴耶尔的建议来称谓。

人类进行动物太空实验结果怎么样

在人类进入太空之前，为了探索人在太空中会遇上哪些问题，人们就开始了利用动物来做“开路先锋”。

美国和苏联从第二次世界大战后，都开始了让动物乘坐火箭上天的实验。

1948 年 6 月～1949 年 9 月，美国用“V－2”火箭，先后 4 次将猴子送到 60 多千米的高空。1952 年 5 月，美国再次发射生物火箭，其中的两只猴子成功生还。苏联在 1949～1958 年的 10 年间，共发射生物火箭 31 次，将 42 只小狗送上高空。这些实验的目的都是为了知道动物究竟能承受多大的加速度。

美国从 1959 年 12 月起，也多次用“水星”号卫星式飞船把猴子和黑猩猩送上太空。这些实验都证明，动物完全能够适应太空的生活环境，消除了人进入太空的种种担心。

加入太空实验大军的，还有诸如鱼类、果蝇、蚂蚁、青蛙等小动物，它们都为人类征服太空做出了贡献。这些动物太空实验的成功，加快了人类太空时代的到来。

最早环球飞行的动物是什么动物

最早进入宇宙空间的是一头名叫“莱伊卡”的小狗。在 1957 年 11 月 3 日苏联发射的第二颗人造卫星中，莱伊卡身上绑着不少测试仪器，自动装置则有规律地给它喂料及处理新陈代谢的排泄物，所以它在上面活了 1 周多时间（因为卫星上只放了它 7 天的“伙食”），为人类提供了重要的资料。

美国也在这方面做了大量试验。第一次选用了猩猩来做弹道飞行，时间是 1961 年 1 月底。一头名叫“哈姆”的黑猩猩，在“水星 MR－2 号”上待坐了 16 分钟，飞行的最大高度为 248 千米，飞行的距离也不满 700 千

广角镜

果　蝇

果蝇英文俗名 fruit fly 或 vinegar fly，果蝇广泛地存在于全球温带及热带气候区，而且由于其主食为腐烂的水果，因此在人类的栖息地内如果园、菜市场等地区内皆可见其踪迹。除了南北极外，目前至少有 1000 个以上的果蝇物种被发现，大部分的物种以腐烂的水果或植物体为食，少部分则只取用真菌、树液或花粉为其食物。

米。同年11月29日，“水星MR－4号”升空，里面的猩猩“艾努斯”绕地球飞了2圈后安返地球，这是第一次凯旋的生物。

什么样的人可以当航天员

随着航天计划的扩展和航天器生命保障系统的不断完善，对航天员的挑选条件也有所降低，但是，四个方面素质的要求是不可少的，即身体素质、心理素质、思想素质和知识素质。

身体素质除了一般的健康外，还应具有许多特殊的耐力，如耐超重、耐低气压、耐热、耐振动、耐孤独等；心理素质是指情感的稳定性、自我控制能力、与同事共事的适应性和协调性等；思想素质主要是看是否有对航天的献身精神和为航天事业不屈的奋斗精神；知识素质则要求航天员必备一定的文化科学基础。

如果你想成为职业航天员，那么你的年龄应小于40岁，身高在1.5～1.9米之间，体重与身高要协调，有1000小时以上喷气式飞机的驾驶经验，并具有学士以上的学历，视力、血压及内脏均应健康，还要有坚强的意志和为航天事业献身的决心。如果你只想到太空中去做些科学实验，即成为非职业航天员，那么你必须是学识渊博的科学家或工程师，身体健康和情绪稳定，年龄则可以放宽许多。

知识小链接

视　力

视力是指视网膜分辨影像的能力。视力的好坏由视网膜分辨影像能力的大小来判定，然而当眼的屈光介质（如角膜、晶体、玻璃体等）变得混浊或存在屈光不正（包括近视、远视、散光等）时，即使视网膜功能良好，眼视力仍会下降。眼的屈光介质混浊，可用手术来治疗，而屈光不正则需要用透镜来加以矫正。

知识小链接

血　压

血压指血管内的血液对于单位面积血管壁的侧压力，即压强。由于血管分动脉、毛细血管和静脉，所以，也就有动脉血压、毛细血管压和静脉血压。通常所说的血压是指动脉血压。当血管扩张时，血压下降；血管收缩时，血压升高。

人在太空中身体为什么会长高

生活在太空里的航天员，会发现一个奇怪的现象：自己在太空里长高了，而且非常明显，最多的可以长高 5.5 厘米。这是由于太空中的失重在作怪。由于没有了重力，一切都没有上下之分，人体脊骨的椎盘会扩展，所有的关节也会松弛、间隙增大。几十个关节的微小扩张叠加起来，就会使身体明显地增高了。不过，这个现象一经回到地面，几小时后就会消失。

人长期在地面的重力场内生活，地球重力吸引血液向下流动。在失重环境里，血液被重新分配，下肢血量减少，头部血量增多，致使静脉压不再起作用，血液中的水分会过多丢失，使得血液变得又浓又黏。在失重的环境里，人体骨骼受力减少，时间一久，肌肉萎缩，骨骼变得松脆，特别是骨骼内钙和磷的丧失，使航天员返回

广角镜

淋巴细胞

淋巴细胞是白细胞的一种。由淋巴器官产生，机体免疫应答功能的重要细胞成分。淋巴器官根据其发生和功能的差异，可分为中枢淋巴器官和周围淋巴器官两类。前者包括胸腺、腔上囊或其相当器官。它们无需抗原刺激即可不断增殖淋巴细胞，成熟后将其转送至周围淋巴器官。后者包括脾、淋巴结等。成熟淋巴细胞需依赖抗原刺激而分化增殖，继而发挥其免疫功能。

地面后变得软弱无力、举步艰难。失重还会引起血液中红细胞和淋巴细胞减少，免疫能力减退。在失重的环境中，大多数航天员还会发生前庭—中枢神经反应，出现恶心、呕吐、面色苍白、出汗、晕眩、工作能力下降，即所谓的航天运动病。

航天员在太空中是如何生活的

航天员进餐时，先要将身体固定好，动作要轻柔，呼吸节奏要调节好，以免把食物弄碎飞扬，不要张开嘴咀嚼食物，只能用鼻呼吸，否则食品会从嘴中逃出。

在太空中洗漱更是有趣。刷牙不用牙膏和牙刷，而是嚼一种类似口香糖的胶质物，让牙齿上的污垢粘在胶质物上，达到洁齿的目的。洗脸也不用水和毛巾，只用浸湿的手纸擦擦了事。

太空中上厕所是件麻烦事，必须坐在精心设计的马桶上，两脚先放进固定的脚套里，腰间用座带绑好，双手扶着手柄，不然人就会浮在半空。太空马桶是不用水冲的，而是一个特制的抽气机，将粪便吸进塑料袋里，以便集中处理。

航天员的睡觉姿势可说是千奇百怪。由于失重，无论是站着、躺着，还是飘着都可以入睡。但多数人还是喜欢睡在固定的床上或墙壁上的睡袋里，然后把睡袋拉紧。

广角镜

免疫力

免疫力是人体自身的防御机制，是人体识别和消灭外来侵入的任何异物，处理衰老、损伤、死亡、变性的自身细胞以及识别和处理体内突变细胞和病毒感染细胞的能力。现代免疫学认为，免疫力是人体识别和排除“异己”的生理反应。人体内执行这一功能的是免疫系统。数百万年来，人类生活在一个既适合生存又充满危险的环境，人类得以存续，也获得了非凡的免疫力。所以说免疫力是生物进化过程的产物。

航天员是如何从座舱进入太空的

航天员从座舱进入太空时，不仅要穿上特制的航天服，保护自身的安全，还要采取一定的措施，保证载人航天器中的环境不因为航天员的出入而遭到破坏。所以，科学家为各种载人航天器专门设计了一种气闸舱。

航天员要从航天器里出来，好像要从一个封闭的气球里走出来。如果像我们平时走出屋子那样从座舱进入太空，即使门关得再快，航天器里的空气也会很快跑光，就像气球被戳破。但是如果有两扇门，当人走出第一扇门时，第二扇门还关着。然后，先关闭第一扇门，再打开第二扇门走出去。这样，始终有一扇门是关着的，航天器就能保持密封状态，而不会漏气。气闸舱就是按照这个道理设计的。

身穿航天服的航天员在进入太空之前，首先进入气闸舱。然后，关闭气闸舱与座舱之间的舱门，使气闸舱与座舱隔离。接着，气闸舱以一定的速度减压，直至达到与舱外一样的空间压力。这时候，气闸舱的舱门被打开，航天员就能出舱进入太空了。当然，这时候保持一定的压力和温度，维持和保护航天员生命的任务就交给航天服了。

为什么航天员要穿航天服

航天服的设计者，可谓精心而周全。他们把航天服制成多层的套服，一般至少有五层。

与皮肤接触的贴身内衣又轻又软，富有弹性，通气又传热，内衣上安有辐射计量计，以监测环境中各种高能射线的剂量。内衣上的腰带，具有生理监测系统，可随时测定心率、体温。

第二层是液温调节服。衣服上排列着大量的聚氯乙烯细管，调节温度的液体通过细管流动，温度的高低可由航天员自己控制，有三个温度档次可供选择。

第三层是有橡胶密封的加压层。层内充满了具有相当于 1 个大气压的空气，保障了航天员处于正常的压力环境，不致因压力过低或过高而危及生命。

第四层是一个约束层。它把充气的第三层约束成一定的衣服外形，同时也协助最外一层抗御陨星的袭击。

最外一层通常用玻璃纤维和一种叫“特氟隆”的合成纤维制成。它具有很高的强度，能抵御陨星的袭击，还具有防宇宙辐射的功能。

在月面逗留时间最长的宇航员是谁

阿波罗计划从 1965 年开始到 1972 年为止，在 8 年时间内一共发射了 17 艘宇宙飞船。其中 1 ~ 7 号飞船是用来做各种模拟试验的，8 号飞船做了第一次环月飞行，9 号、10 号飞船是分别在地球和月球轨道上测试登月舱的各种性能。每次飞行都配有 3 个经过严格挑选和训练的宇航员。其中 10 号飞船飞行员斯塔福德、塞尔南和扬在 1965 年 5 月曾飞到了离月面只有 15 千米高处，做了模拟着陆试验，为 11 号飞船登月扫清了道路。从 11 号飞船开始到 17 号飞船为止，共有 6 批 18 位宇航员拜访了月球，先后踏上月球的共 12 人。最后一个是施米特博士，他和另一个宇航员塞南上校都是 17 号飞船的成员。阿波罗 17 号飞船于 1972 年 12 月 7 日发射，实现了一次历时最长、成果最大的月球考察。在 12 月 11 ~ 14 日的 74 小时 59

拓展阅读

聚氯乙烯

聚氯乙烯本色为微黄色半透明状，有光泽。透明度胜于聚乙烯、聚丙烯，差于聚苯乙烯，随助剂用量不同，分为软、硬聚氯乙烯，软制品柔而韧，手感黏，硬制品的硬度高于低密度聚乙烯，而低于聚丙烯，在屈折处会出现白化现象。常见制品：板材、管材、鞋底、玩具、门窗、电线外皮、文具等。是一种使用一个氯原子取代聚乙烯中的一个氢原子的高分子材料。

分钟内，他们在月面上建造了一个装有核动力的实验室，发现了月球上过去存在过水的确凿证据，还收集了各种各样的月岩、泥土样品 114 千克。在他们室外活动的 22 小时内，还曾坐着四轮电瓶车旅行了 16 千米，最后才满载而归回到地球。

太空中为什么会发生失重现象

在失重状态下，人体和其他物体受到很小力的作用就能飘浮起来。利用失重，能在太空进行某些地面上难以实现或不可能实现的科学研究和材料加工，例如生长高纯度大单晶硅，制造超纯度金属和超导合金，以及制造特殊的生物药品等。

失重也为在太空中组装结构庞大的航天器（如空间站、太空太阳能电站等）提供了有利条件。

当然，失重也会对人体造成一定的伤害，这主要是航天员会患上航天运动病。这种病的典型特征是脸色苍白、出冷汗、恶心和呕吐，有时还会出现唾液增加、上腹部不适、嗜睡、头痛、食欲不振和飘飘然的错觉。长期失重还会导致人体骨质疏松和肌肉萎缩。为了防止和减缓航天运动病，首先要在地面上就加强航天员的训练，增强体质；另外是在太空中重视体育锻炼，我们在电视上收看有关航天活动的实况录像时，经常可以看到，太空中的航天员正在运动器械上活动身体。

拓展阅读

玻璃纤维

玻璃纤维亦称玻璃钢或玻璃纤维增强塑料，是一种以高分子环氧树脂为基体，玻璃纤维或碳纤维等为增强体，经过复合工艺而制成的复合材料。优点包括轻巧，耐腐蚀，抗老化及绝缘，故用于制造各种运动用具、管道、造船、汽车与电子产品之外壳与印刷电路板。

太空中为什么会发生超重现象

为了把航天器送入太空，目前一般都采用多级运载火箭。在第一级火箭开始燃烧时，由于整个火箭的自身重力很大，加速度是很小的，看上去是徐徐上升。随着燃料的消耗，火箭重力逐渐减轻，加速度值逐渐加大，直到第一级火箭燃料耗尽，燃烧停止；接着是第二级火箭开始燃烧，重复上述过程；最后是第三级火箭的燃烧和加速。经过这样三次的加速过程，一般可把载人航天器加速到第一宇宙速度（7.9 千米/秒），进入绕地球的太空轨道。在这个加速过程中，载人航天器上的设备和其中的航天员，自身的重力都会相应地增大许多，而处于超重状态。

同样道理，载人航天器在完成任务从太空返回地面时，也会出现超重现象。返回前，载人航天器的返回舱先把底部朝前，然后利用反推火箭减小速度和降低轨道高度。在进入大气层时，因受空气的阻力而逐步减速。刚开始时，因高层大气密度很小，减速值很小；随着高度的降低，大气密度逐渐增加，阻力逐渐加大，减速值也逐渐加大，并在达到最大值后开始减小，形成一个半正弦的曲线。因此，在返回过程中，载人航天器及航天员，将第二次进入到超重状态。

地球那边的人是不是头朝下脚朝上

地球是个球体，有些人的心中就产生这样一个问题：我们这半边的人是头朝上、脚朝下，那么地球那半边的人会不会脚朝上而头朝下呢？我们这边的人认为地球那边的人是头下脚上，那边的人也会认为咱们这边的人是倒立着的。平常我们说一个东西在上边，另一个东西在下边，所谓“上”、“下”是相对比较而言。那么，拿什么做比较的基准呢？在地球上我们说上、下都是指相对地心而言的，我们把地心作为比较标准，一个东西离地心近，我们就说它的位置低，它在下面；离地心越远，我们就说它的位置高，它在上面。在地面行走的人比住在高楼里的人离地心近，地面上的人在下边，高楼里的人在上边。和地心作比较，所有的东西都是在上面。整个地球上的人都是脚站在地面上，而头远离地面，就是说都是头朝上、脚朝下。所以，地球上任何地方的人都是头上脚下正立着，没有人倒立着。

为什么航天员进行舱外活动前要吸纯氧

我们来看看航天员出舱前后所面临的变化。航天器内通常保持与地面相当的大气压力，即每平方厘米约 9.8 牛顿压力，一个成年人的身体表面积总计两平方米左右，这样，他所承受的压力就大约为 19.6 万牛顿。但是，我们在地面并不感到身上有如此大的压力，这是因为人体内部产生的内压与之平衡。如果外界压力一旦减小，人体组织和体液中溶解的气体（主要是氮气），就会转变为游离的气体，在血管内形成气泡堵塞血管，在血管外压迫局部组织，出现四肢疼痛、面色苍白、出汗虚脱、呼吸困难、听觉失灵等情况，这就是减压病，与高山反应症状十分类似。

虽然航天员在出舱时穿上了航天服，服内也保持有一定的气压，但因目前技术水平所限，这个气压值还不能做到与舱内一样，而仅为舱内的三分之一左右（相当于 9 ~ 10 千米高空）。地面实验证明，在 8 千米以上人就可能会患上减压病，因此航天员在出舱前，都要先吸足纯氧，使体内组织和体液中的氮气尽可能排出，以避免在舱外发生减压病，从而顺利地完成舱外作业任务。

基本小知识

高山反应

高山反应，或称高地综合征、高山病、高原反应，是人体在高海拔状态由于氧气浓度降低而出现的急性病理变化表现。它通常出现在海拔 2500 米以上。高山病可以发展成肺水肿和脑水肿，严重时可致死。

宇宙辐射对航天员有什么危害

太阳辐射的紫外线、X 射线和 γ 射线，尽管在其辐射总量中所占的比例很小，但它对人体安全和物质材料，均有很大的危害性。好在地球大气层上部的电离层和臭氧层，都对它们有阻挡的作用，因而在地面上总是很安全的。

但在地球大气层外的太空里，航天器完全暴露在太阳的辐射之下。因此，航天器的结构材料会快速老化，电子器件会加快失灵，更重要的是，航天员的健康可能会受到严重损伤。

宇宙辐射如若作用于人体，将使人体细胞中的原子产生电离效应，使机体分子、细胞、组织结构受到损害，失去原有的生理功能。辐射对人体的损伤可分为急性损伤和慢性损伤两种。急性损伤也就是人们常听说的辐射病，它是在短时间内受到大剂量辐射造成的，人会出现白细胞、血小板剧烈减少，并致人死亡；慢性损伤经过治疗和脱离辐射环境后，可以恢复健康。

航天员在舱外活动时所穿的航天服，具有防辐射的功能；在出舱前，航天员也可以服用一些防辐射的药物，这对预防辐射病都是有效的。但随着载人航天活动范围的扩大，飞行轨道越来越高，可能受到的辐射强度也越来越大，因此不断研究辐射病的防治，仍是航天医学的一个重要课题。

趣味点击

血小板

血小板是哺乳动物血液中的有形成分之一。形状不规则，比红细胞和白细胞小得多，无细胞核。它有质膜，没有细胞核结构，一般呈圆形，体积小于红细胞和白细胞。血小板在长期内被看作是血液中的无功能的细胞碎片。血小板具有特定的形态结构和生化组成，在正常血液中有较恒定的数量（如人的血小板数为每立方毫米 10～30 万），在止血、伤口愈合、炎症反应、血栓形成及器官移植排斥等生理和病理过程中有重要作用。血小板只存在于哺乳动物血液中。

从太空中看到的地球是什么样子

在太空中看地球，粗看是一个蓝色球体，细看起来，地球白天大部分是浅蓝色，唯一真正的绿色带是中国的青藏高原地区；一些高山湖泊很明亮，而且呈橄榄绿色，好像硫酸铜矿的颜色；撒哈拉大沙漠显示出特别的褐色；在地球温度较低又没有云层的地区，如喜马拉雅山那样的高山地区，可以看清楚其地貌，甚至看到了那里的森林、平原、道路、溪流和湖泊，还有几幢房屋及烟囱里冒出的白烟。

从太空看地球

美国航天员在飞向月球途中，看到了我国的万里长城；有一名航天员飞越美国上空时，看到了得克萨斯州的一条公路；在印度上空，他们看到了飞驰的火车；在缅甸上空，他们看到了河中的船只。在晴天，他们还能分辨出地球上的色彩对比，如喜马拉雅山的深色巍峨群峰，衬托着皑皑白雪，给人们一种寥廓而荒凉之感。伊朗的卡维尔盐渍大沙漠最令人神往，它看上去像木星，中间有一个呈红色、褐色和白色的大漩涡，这是盐湖经过无数岁月的蒸发之后留下的痕迹。他们还看到巴哈马群岛像绿宝石一样闪闪发光。

趣味点击

白细胞

白细胞，是血液中一种重要的血细胞。除白血球外，人体血液中还含有红血球、血小板和血浆。白血球作为免疫系统的一部分帮助身体抵抗传染病以及外来的东西。白血球有核，能做变形运动，正常情况下白血球在健康成人体内为 4×10^9 到 11×10^9/每升血液。白血球作为免疫细胞，在机体发生炎症或其他疾病时，血液内的白血球总数或细胞分类百分比可有变化。除了在血液外，白血球还存在于淋巴系统、脾以及身体的其他组织中。